基于"职业教育改革实施方案"和"提质培优"的烹饪品牌专业建设系列教材

冷拼制作技艺

主　编　宾　洋
副主编　陆盛帅　田妃妃
　　　　陆天真　练勋慧

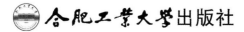
合肥工业大学出版社

图书在版编目(CIP)数据

冷拼制作技艺/宾洋主编.—合肥：合肥工业大学出版社，2023.6

ISBN 978-7-5650-6230-8

Ⅰ.①冷… Ⅱ.①宾… Ⅲ.①凉菜—制作 Ⅳ.①TS972.114

中国国家版本馆CIP数据核字（2023）第096966号

冷拼制作技艺

宾 洋 主编　　　　　　　　　　责任编辑　毕光跃

出　版　合肥工业大学出版社		版　次　2023年6月第1版	
地　址　合肥市屯溪路193号		印　次　2023年6月第1次印刷	
邮　编　230009		开　本　787毫米×1092毫米　1/16	
电　话　理工图书出版中心：0551－62903204		印　张　7.5	
营销与储运管理中心：0551－62903198		字　数　169千字	
网　址　press.hfut.edu.cn		印　刷　安徽联众印刷有限公司	
E-mail　hfutpress@163.com		发　行　全国新华书店	

ISBN 978-7-5650-6230-8　　　　　　　　　定价：38.00元

如果有影响阅读的印装质量问题，请与出版社营销与储运管理中心联系调换。

前　言

职业教育是我国教育体系的重要组成部分，是实现经济社会快速发展的基础，为了满足现阶段我国对高素质、复合型技能人才的迫切需求，培养具有中国特色的冷拼制作技艺专业人才，传承中华民族饮食文化。我们结合烹饪专业建设的需求编写了本书，本书具有以下特色：

（1）文技同传，学思并进。本书体现了文化与技艺相结合，学习与评价相结合，让学习者在掌握技艺的同时也理解相应的文化知识，用文化指引技能的学习，通过有效的学、思、评相结合，进而充分掌握冷拼制作技艺和相应的文化知识。

（2）内容实用，符合时代特征。本书所选取的作品都是当下学校、企业、行业常用的，与时俱进设计教学内容，融入新技术、新工艺、新规范。

（3）一体化设计，资源配套齐全。本书不仅配套练习题、课件等资源，每个任务配备了教案、微课视频，方便读者使用学习，教师教学参考，有利于"教、学、做"一体化的实现。

本书围绕餐饮企业冷拼岗位的职业能力，以任务为载体，每个任务的编排分为7个环节（任务情境、任务工单、知识准备、任务实施、任务评价、任务小结、巩固提升），建议授课80课时（具体见下表）。由于各地区教育发展水平和教学实践环境存在差异，在使用本书时，可根据本地区的实际情况适当调整。

本书建议授课学时分配表

模块	教学内容	建议课时
一	冷拼入门学习与基础拼盘制作	20
二	基础象形拼盘制作	20
三	花式小盘制作	24
四	主题艺术拼盘制作	16
合计		80

本书由高级技师宾洋主编，负责本书的框架设计、统筹分工及定稿工作。宾洋、练勋慧负责完成模块一的书稿撰写和教学资源建设；田妃妃、张井良、廖凤负责完成模块二的书稿

撰写和教学资源建设；陆盛帅、杨才军、陆海青负责完成模块三的书稿撰写和教学资源建设；陆天真、沈宗良、梁可胜负责完成模块四的书稿撰写和教学资源建设。苏莉负责统稿，毛永幸负责统审。

在编写本书的过程中，编者得到了南宁市第一职业技术学校、南宁职业技术学院、广西商业技师学院诸位老师的指导和支持，参阅了同行业专家、学者的相关文献，同时得到了广西绿岛阳光餐饮投资管理有限公司、广西四季和府餐饮管理有限公司、广西广美国际大酒店有限公司、南宁市伊制味食品有限公司、广西瑶王府餐饮管理有限公司等企业的帮助和支持，在此，对上述相关单位和人员一并表示感谢。

由于编者水平有限，书中难免存在不足，还望各位读者提出宝贵的意见，以便再版时修改完善。

编　者

2023年5月

目　　录

模块一　基础拼盘

中餐冷盘是中餐宴席的重要组成部分。拼摆是建立在烹饪工艺美术基础上的菜品艺术呈现形式，强调的是作品设计、原料的刀工成型、拼摆手法的运用、色彩及营养搭配。

基础拼盘是一类改刀方法和拼摆手法相对简单的冷菜拼摆呈现形式，如单双拼、三拼、什锦拼等，对原材料的品种要求相对较少，是餐饮企业冷拼出品中运用较多的一类成型手法，有很强的食用性与推广价值。要制作出一份合格的拼盘，需要从卫生要求、标准着装、作品设计、改刀处理、拼摆手法、作品成型等方面进行规范的学习与实践。

任务一　冷拼入门学习

任务情境

平时在家时，刘军就有主动帮助父母做饭的习惯。中考结束后，他与父母商量后，报读了某中职学校烹饪专业。在冷拼老师的指导下，通过观看学长成长事迹、《舌尖上的中国》等系列视频与美食节目，在视频人物事迹的激励下，刘军对冷拼课程有了初步的了解，并产生了好奇心，有了动手尝试制作冷拼菜肴的想法。刘军想："美味的食物通过冷拼师傅的加工处理，就能呈现出质高一等的效果，食材的价值变大了。这不就是一个合格厨师所要追求的吗？要想具备这样的技能，我应该怎样入手学习呢？"

带着这样的疑问，我们和刘军一起按顺序完成以下几个任务：

（1）掌握正确的仪容仪表整理方法。

（2）观看视频加深岗位认知。

（3）掌握领用和归还工具的正确方法。

（4）能够正确使用和保养工具。

（5）能够合理地布置工位。

（6）掌握正确高效的卫生清理方法。

任务工单

本节课的任务目标，任务重、难点，实施要求，用品用具，学习流程见表1-1-1所列。

表1-1-1　冷拼入门任务工单

任务名称	冷拼入门学习
任务目标	1．通过观看视频和图片对冷拼技术产生学习兴趣 2．能合理选用制作冷拼的用品用具，并掌握使用与保管方法
任务重点	1．树立正确的厨师仪容仪表观 2．正确选用刀具与砧板
任务难点	1．刀具的开锋与磨砺 2．刀具与砧板的保养
实施要求	1．能够按照厨师职业规范整理自己的仪容仪表 2．能正确地领取和归还工具 3．能科学合理地使用与保管工具 4．掌握正确的磨刀方法，并能对刀具进行磨砺 5．能合理配备操作工具和布置操作台面 6．掌握合理、高效的卫生清理方法
用品用具	白毛巾、可湿水纸巾、一次性医用手套、口罩、菜刀、雕刻刀、木砧板、塑料砧板、原料盆、原料碟、食品袋
学习流程	整理仪容仪表→观看视频→工具领用→刀具磨砺→工具保养→操作工位布置→工具归还→卫生清理

任务实施

一、仪容仪表整理

结合烹饪职业标准要求，根据图1-1-1所示的仪容仪表进行自我整理与检查。扣子要扣

（a）男生正面图　　　（b）男生侧面图　　　（c）女生正面图　　　（d）女生侧面图

（e）手部干净整洁　　　　　（f）鞋子防滑

图1-1-1　厨师仪容仪表

满、帽子戴正戴平、男生头发"三不盖"（不盖眉毛、不盖耳朵、不盖衣领）、女生要盘发、围裙系紧、袖口上折、鞋子防滑、不留长指甲、不佩戴首饰。

拓展阅读

　　为什么厨师一定要穿工作服上班呢？

　　每个行业都有自己的着装要求，维修工有维修工职业服装，医生有医生的职业服装，警察有自己的职业服装，职业经理人也有自己的岗位着装要求。从事了哪个行业就要按照行内的要求来做，因为这就是职业要求。有些同学说戴帽子会影响自己的发型，穿厨师服又感觉太热，不想扣扣子。这些同学没有在思想上理解职业仪容仪表的意义。新时代的厨师不仅要会做菜，还需要具备综合的职业素养和能力。厨师有时需要在餐厅面对顾客展示技术或解决问题，如果个人卫生不达标能去面对顾客吗？这个问题值得大家好好思考。

二、工具的选用与保养

1. 刀具的选用与保养

　　刀具的种类很多，按照用途可分为片刀、文武刀、砍刀及其他类型的刀具（图1-1-2）。中餐冷拼所需刀具以片刀为主，也就是桑刀和鱼生刀。此类刀具较轻，方便冷拼制作过程中不同刀法的转换与结合运用，能提升操作的灵活性，降低体能消耗。

(a) 片刀　　　　　　　　(b) 文武刀　　　　　　　　(c) 砍刀

图1-1-2　刀具

　　为了延长刀具的使用寿命，确保原料加工质量，刀具要保持锋利。刀具的保养（图1-1-3）方法如下。

　　（1）合理正确地使用刀具。做到轻拿轻放，不将刀具用于不合理的场合。例如，不用片刀砍骨头，不用片刀削木头，不用砍刀斩铁丝等。

　　（2）加工带盐和带酸碱性的材料后，一定要用洗洁精彻底洗净刀具，再用干净的毛巾或纸巾擦干刀具表面水分。没有洗净的干爽毛巾不能用来擦拭刀体。开封后的刀具不要装入刀套或刀盒中保存，避免因空气不流通而导致生锈。

　　（3）擦干刀具表面水分后可涂抹一层食用油，避免刀具跟空气接触产生氧化反应而生锈。

　　（4）刀具要放在通风处上架、上锁保管，避免刀具伤人和不小心碰坏刀刃或刀尖。

| (a) 毛巾擦拭刀具 | (b) 刀具放在通风处刀架上 |

图1-1-3 刀具的保养

2. 砧板的选用与保养

砧板是指在对烹饪原料进行刀工处理时，用于垫底的工具。它可以起到保护刀具和确保产品质量的作用。目前市面上的砧板主要有塑料砧板、木砧板、竹砧板和金属砧板（图1-1-4），其中塑料砧板和木砧板的使用范围最广。

(a) 塑料砧板

 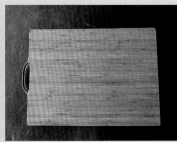 

| (b) 木砧板 | (c) 竹砧板 | (d) 金属砧板 |

图1-1-4 砧板

塑料砧板有方形和圆形两种，颜色有白、红、黄、蓝、绿五种，每种颜色有相对应的使用要求。例如，白色砧板用于切熟食或者水果，红色砧板用于水台原料宰杀等。塑料砧板的优点是清洁卫生、不易腐烂，符合国际烹饪卫生要求，西餐厨房使用率较高；缺点是容易着色，保管不当很容易发霉发黑（图1-1-5）。

  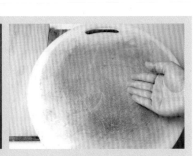

| (a) 洁净的砧板 | (b) 染色的砧板 | (c) 发霉的砧板 |

图1-1-5 砧板

木砧板在酒店厨房和家庭使用比较常见，这跟中国人传统的烹饪习惯有关。木砧板主要以银杏木、榆木、橄榄木为主要材料，此类木料木质细腻、坚实，不易损伤刀刃。酒店还经常选用松木做砧板。木砧板也有圆砧和方砧两种形状。使用木砧板时要经常刨平，避免板面出现凹凸不平。木砧板的优点是耐用，也符合国人用砧板的习惯；缺点是如果保管不当容易开裂。在使用木砧板前，可以用盐水泡煮或食用油浸泡，避开阳光直接照射，防止砧板开裂。

其他材质的砧板也各有优势与不足。不管选用哪种材质的砧板，我们都要正确合理地使用，用前要做杀菌清洁处理（用开水烫、煮，或用食用酒精燃烧杀菌等），用完要及时清洗干净，立放，确保两面通风，保持干爽，避免砧板变色、发霉与腐蚀。

3. 磨刀石的选用与保养

磨刀石多呈长方形，规格与尺寸大小不一。其功能是使刀具在上面反复摩擦后，能使刀具变得锋利，从而满足加工食材的需要。

按其来源不同，磨刀石可分为人工合成磨刀石和天然磨刀石两种（图1-1-6）。天然磨刀石是指采集自然界中符合磨刀要求的石料制成，如山里的大理石、溪河里的鹅卵石，其质地非常细腻。人工合成磨刀石是利用金刚砂等材料复合而成，质地有软硬、粗细之分。建议二者结合起来使用，如刀具的开锋要先用粗硬的人工磨刀石，再过渡到细磨石，最后用大理石进行抛光。

4. 餐具的选用与保养

餐具要结合冷拼作品的需要进行选择，冷拼作品不同，对餐具规格的要求也不同。选用餐具时要轻拿轻放，有缺口的餐具要弃用，以确保安全。餐具用后要洗净，滤干水分后才能分类放入消毒柜内（图1-1-7）。放餐具的柜子要有能防鼠、防虫及消毒杀菌的功能。

(a) 人工磨刀石　　　　　　　(b) 天然磨刀石

图1-1-6　磨刀石

(a) 嵌入式紫外线消毒柜　　　(b) 立式高温蒸汽消毒柜　　　(c) 家用小型消毒柜

图1-1-7　消毒柜

5. 工具的领用与归还

领用与归还工具应采取小组成员分工负责制。例如，以每张工作台为一个小组，安排一人负责领还刀具，一人负责领还磨刀石，一人负责领还餐具，一人负责清洗摆放砧板。这样，既解决了人员扎堆拥挤的问题，又提高了工作效率，场面井然有序。

三、冷拼刀具磨砺

磨刀前，首先要清楚自己所选刀具的刀面与刀刃的实际情况，刀要磨成什么样的才便于使用，以什么样的方式磨刀既不伤刀刃又能保护好磨刀石，提高磨刀石的使用寿命。

四、冷拼工位布置

合理布置操作工位能提高工作效率，能呈现出整洁合理的台面效果，能反映出操作者的职业素养和操作习惯，还能给人留下整齐有序的良好印象。

冷拼工位布置因人所用刀的手位而不同，具体请看微课1（冷拼工位布置），图1-1-8是右手持刀的冷拼工位布置图。

图1-1-8　冷拼工位布置图右手持刀

五、操作卫生清理

操作卫生包括个人卫生、操作台卫生、餐具卫生、工具卫生、水池卫生、地面卫生和水沟卫生。操作卫生清理并不能只局限在操作结束后的卫生清理，我们应该培养自己在操作过程中保持整洁卫生的好习惯，在操作过程中多加注意，及时清理。在重结果卫生的同时，更注重过程卫生的体现。

微课1　冷拼工位布置

任务评价

根据操作情况完成表1-1-2的评分任务，操作过程要用照片和视频形式记录下来，作为评分依据。

表1-1-2　冷拼入门任务操作过程评分表

成员			填表时间			
项目	评价内容	配分	学生自评	小组互评	教师评价	
仪容仪表（20分）	头发做到"三不盖"（不盖眉毛、不盖耳朵、不盖衣领）	5				
	工作帽要佩戴整齐，前额不能露出头发；工作服保持干净整洁，扣子要扣完整，围裙要系于裤腰以上	5				
	不穿短裤、凉鞋、拖鞋进入实训室	5				
	不佩戴首饰，不留长指甲	5				

（续表）

项目	评价内容	配分	学生自评	小组互评	教师评价
工具选用 与存放 （25分）	能根据作品内容合理选配工具，不占用多余资源	5			
	使用工具时做到轻拿轻放，确保安全	5			
	上课过程中做到"刀不离岗"	5			
	放置刀具于砧板中线以上，刀尖与刀柄不超过砧板边缘，刀口朝前	10			
磨刀 （25分）	能运用所学知识对刀具进行磨砺	5			
	磨刀过程中既要保护刀具，也要保护好磨刀石	10			
	懂得鉴别刀具磨制后的锋利程度	10			
工位布置 （10分）	能根据实际情况合理布置操作工位，做到紧凑、合理，达到方便操作的目的	10			
卫生清理 （20分）	操作结束后及时清洗干净个人领用的所有物品	10			
	将工作台里外和操作区域内地面清理干净	10			
最终得分		100			

任务小结

（1）能自觉根据厨师职业要求自觉整理仪容仪表。

（2）对工具的选用、归还与保管要反复实践，以便解决自己实际操作中遇到的疑问，得到想要的结果。

（3）刀具的磨砺考验耐心和毅力，也是检验我们是否适合从事烹饪工作的方法。

（4）卫生要求是烹饪工作的基础，要做到相互监督和自我监督，培养良好的卫生习惯。

任务二 冷拼料胚制作

任务情境

通过学习，刘军理解了基础知识与技能结合的重要性。技能大赛选手和行业大师都有自己的过人之处，只有拥有扎实的基础和辛勤的付出，才能达到如此的高度。例如，建一栋高楼，只有准备好砖石、钢筋和水泥等基础材料才能打好地基，之后才能修建出第一层，最后才能建成高楼。制作冷拼作品也是如此，需要学生具备良好的卫生习惯，扎实的刀工技能，原料的荤素、色彩搭配能力，构图能力和拼摆技术，只有这样才能呈现出美观合格的作品。学习不能急于求成，要一步一个脚印扎实地推进。如果没有充分理解职业着装的重要性，今后的工作中就会出现着装不合格的情况；如果没有磨砺好刀具，就会导致加工效率不高，出品质量不达标。

我们今天的任务是结合直刀与拉刀技法，配合圆弧刀法进行冷拼基础料胚的加工成型练习，成品与模仿物品的特征要相似，确保切片均匀，并理解各种料胚的实际运用，为接下来学习具体的冷拼作品打下坚实的基础。

任务工单

本节课的任务目标，任务重、难点，实施要求，用品用具，制作流程见表1-2-1所列。

表1-2-1 冷拼料胚制作任务工单

任务名称	冷拼料胚制作
任务目标	1. 理解模仿物品的实际特征 2. 能运用所学刀法加工冷拼基础料胚
任务重点	1. 下刀准确性练习 2. 运用圆弧刀法进行胚料成型和拉刀成片
任务难点	1. 料胚与模仿物的相似度呈现及胚形延伸变化的处理 2. 拉刀技法的掌握与运用
实施要求	1. 能够按照厨师职业规范要求正确着装 2. 能合理布置和配备操作工具 3. 能结合不同刀法对材料进行改刀处理，下刀准确，培养节约意识 4. 能运用拉刀技法对原料进行成片处理
用品用具	菜刀、雕刻刀、白毛巾、纸巾、一次性手套、口罩、原料盆、成品碟
制作流程	物料准备→清洗杀菌→焯水或熟处理→原料改刀→修料成胚→加工成片→出品

知识准备

料胚成型是为了能更好地体现出冷拼作品的质量，更真实地表达作品的效果，提升冷菜的档次。要掌握好尺寸标准，确保加工后的料胚达到作品的制作要求。深入理解常用冷拼胚形（水滴形、柳叶形、椭圆形、梯形等）的具体特点，理解胚形的问题所在。料胚的形状不是一成不变的，而是要根据作品的实际需要进行延伸变化。例如，水滴形料胚拉长处理、柳叶形料胚修成半柳叶形料胚、梯形料胚不进行等腰处理等。具体模仿物图片如图1-2-1所示。

(a) 水滴形　　　　　　　　　　　(b) 柳叶形

(c) 椭圆形　　　　　　　　　　　(d) 梯形

图1-2-1 料胚具体模仿物

任务实施

一、物料选用

基础胚形的加工主要选择素食材，特别是具有脆性口感或者富含淀粉的品种，便于改刀成型，如胡萝卜、白萝卜、青萝卜、心里美萝卜、莴笋、土豆、芋头等。其中，土豆和芋头要经熟处理后才能入碟使用。原料要确保新鲜，不要选用太嫩或太老的材料，太嫩会有涩味，太老则口感不佳，还可能会出现食材空心的情况。原料两头粗细要均匀，便于取料，避免产生过多的边角料，形成浪费。

荤食材建议选用肉质紧实、外形相对平整便于改刀成型的原料，如火腿肠、鸡蛋干、卤牛腱、卤猪舌等。食材颜色要根据作品的特点和要求确定。选用袋装食品时，首先要查看保质期，若出现漏气、虫咬、变色变质等情况要弃用。

本次课程所需原料：胡萝卜。

二、制作要求

（1）胚形要自然逼真。
（2）根据实际情况确定加工的胚形大小。
（3）掌握胚形的变化方法。
（4）能结合加工难度设计造型。

微课2　冷拼料胚制作

三、制作过程

1. 水滴形料胚制作

（1）洗净的原料熟处理（图1-2-2）。
（2）水滴形料胚的取料尺寸为3.5厘米长、2.5厘米宽（图1-2-3）。
（3）运用圆弧刀法对料胚进行修整成型（图1-2-4）。
（4）用拉刀技法将水滴形料胚改刀成片（图1-2-5）。
（5）水滴形料胚成品展示（图1-2-6）。

图1-2-2　原料熟处理

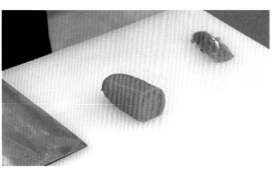

图1-2-3　水滴形料胚的取料

图1-2-4　修整成型

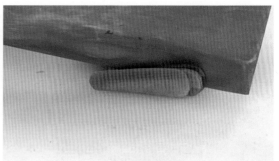

图1-2-5　将料胚改刀成片

图1-2-6　水滴料胚形成品

2. 柳叶形料胚制作

（1）柳叶形料胚的取料尺寸为5.5厘米长、2厘米宽（图1-2-7）。

（2）运用圆弧刀法和推切手法将料胚修整成柳叶形（图1-2-8）。

图1-2-7　柳叶形料胚的取料

图1-2-8　将料胚修整成柳叶形

（3）叶边齿纹加工采用内角60°斜刀进，内角30°圆弧刀取废料（图1-2-9）。

（4）运用拉刀法从叶尖进刀，叶柄出刀，改刀成片（图1-2-10）。

（5）柳叶形料胚成品展示（图1-2-11）

图1-2-9　叶边齿纹加工

图1-2-10　将料胚改刀成片

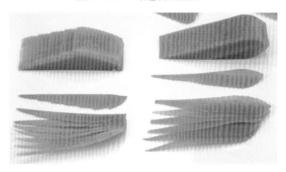

图1-2-11　柳叶形料胚成品

3. 椭圆形料胚制作

（1）椭圆形料胚的取料尺寸为4.5厘米长、2.5厘米宽（图1-2-12）。

（2）将四个角去除，呈圆弧面（图1-2-13）。

（3）用拉刀法将料胚切成0.2厘米厚的均匀片（图1-2-14）。

（4）椭圆形料胚成品展示（图1-2-15）。

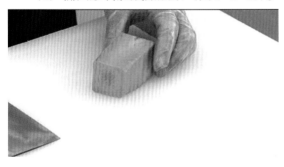

图1-2-12　椭圆形料胚的取料

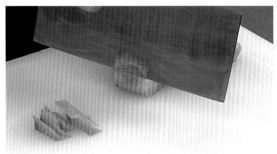

图1-2-13　将料胚四角修成圆弧

图1-2-14　将料胚切均匀片

图1-2-15　椭圆形料胚成品

4. 等腰梯形料胚制作

（1）等腰梯形料胚取料尺寸为6厘米长、2.5厘米底宽、2厘米顶宽（图1-2-16）。

（2）对初胚进行细加工处理（图1-2-17）。

（3）用直刀法或拉刀法将料胚改刀成均匀片（图1-2-18）。

（4）等腰梯形料胚成品展示（图1-2-19）。

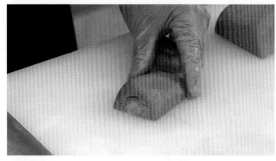

图1-2-16 等腰梯形料胚的取料

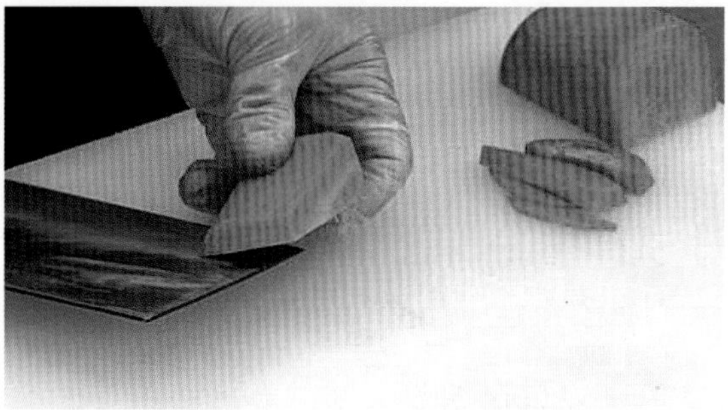

图1-2-17 初胚细加工

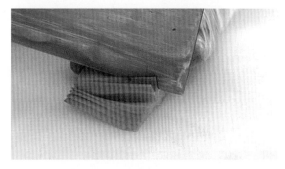

图1-2-18 将料胚改刀成均匀片

图1-2-19 等腰梯形料胚成品

任务评价

根据操作情况完成表1-2-2的打分，操作过程要用照片和视频形式记录下来，作为评分的依据。

表1-2-2 冷拼料胚制作过程评分表

成员			填表时间		
项目	评价内容	配分	学生自评	小组互评	教师评价
卫生 （40分）	台面干净，布置整齐，无杂物	10			
	物料洗净，消毒杀菌，食材焯水或熟处理	10			
	配戴口罩和手套操作，工位地面确保干净、干爽	10			
	成品碟内确保无水渍和多余物料	10			
刀工 （40分）	改刀动作自然放松，手法熟练，无重复动作	10			
	原料改刀成片均匀，厚度为0.2厘米	10			
	原料改刀做到物尽其用，不浪费	10			
	料胚改刀成片后与模仿样品相似	10			

项目	评价内容	配分	学生自评	小组互评	教师评价
造型 （20分）	成品比例自然，形象逼真	10			
	做到欣赏与食用相结合，呈现作品的艺术性	10			
最终得分		100			

任务小结

（1）理解胚形的细节呈现，否则不仅无法高效加工出料胚，还会造成食材的浪费。

（2）能在掌握常规胚形的基础上根据实际需要调整胚形的呈现形式。

（3）运用拉刀法改刀成片，确保成品的整齐与顺序，为提高工作效率打好基础。

（4）注重操作规范性训练，培养良好的操作习惯。

（5）水滴形料胚成型时，胚面要光滑圆润，不能凹凸不平，影响成品质量。

（6）柳叶料胚成型时，胚面要饱满，表面齿纹要自然，方向朝向叶尖，采用斜刀切料、平刀去废料的手法进行加工。

拓展延伸

各种基础胚形在具体作品中的运用

1. 水滴形料胚的运用

水滴形料胚的运用如图1—2—20所示。

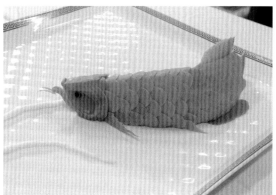

图1—2—20　水滴形料胚的运用

2. 柳叶形料胚的运用

柳叶形料胚的运用如图1—2—21所示。

3. 椭圆形料胚的运用

椭圆形料胚的运用如图1—2—22所示。

4. 梯形料胚的运用

梯形料胚的运用如图1—2—23所示。

图1-2-21　柳叶形料胚的运用

图1-2-22　椭圆形料胚的运用

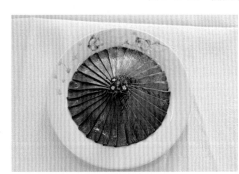
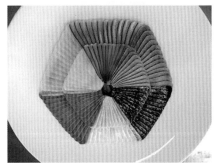

图1-2-23　梯形料胚的运用

任务二　双色拼盘制作

任务情境

　　上节课，老师精心讲解了柳叶形、水滴形和等腰梯形等料胚的制作。原本就对冷拼课程带有浓厚兴趣的刘军同学的作品得到了老师和同学们的一致好评，这让他对学习好冷拼技术有了更大的信心。

　　基础料胚是制作冷拼的基础，本节课老师将带领大家运用上节课所学的基础料胚来制作一款双色拼盘作品。

任务工单

双色拼盘制作的任务目标，任务重、难点，实施要求，用品用具，制作流程见表1-3-1所列。

表1-3-1　双色拼盘制作任务工单

任务名称	双色拼盘制作
任务目标	通过双色拼盘的制作，掌握梯形料胚的成菜方法和变换运用的技术
任务重点	1. 双色拼盘的垫底成型 2. 料胚尺寸的确定和加工成薄厚均匀的片
任务难点	1. 拼摆成大小相等的1/4球体 2. 方火腿料胚改刀技巧
实施要求	1. 能够按照厨师职业规范要求正确着装 2. 能够按照操作需要布置好工作台的所有物品 3. 荤料底胚要稍小于素料底胚1~2毫米 4. 能根据碟子大小确定底胚的尺寸和面料胚的大小 5. 能根据原料的性质合理选择刀具和改刀方法 5. 两个1/4球体之间要留有分割线，面料的拼摆要朝向碟子的正中间
用品用具	菜刀、雕刻刀一套、白毛巾、纸巾、一次性手套、口罩、原料盆、油、毛刷
制作流程	选料→清洗杀菌→焯水或熟处理→台面布置→底料改刀→底胚成型→面胚改刀→拼摆成型→保水保鲜处理→出品

知识准备

双色拼盘又称对拼、两拼，就是将两种冷菜原料经过刀工处理和拼摆后成为一个作品。双色拼盘讲究刀工整齐，两种原料色泽对比明快，成形方式多样。双色拼盘是比较基础的冷拼作品，在教学、比赛及餐厅里都能看到双色冷拼。按照空间立体造型，双色冷拼可分为平面与立体两种。平面冷拼有对称式双拼、非对称式双拼与围式双拼；立体冷拼有扇面双拼与拱桥双拼等。

双色拼盘的国赛标准

双色拼盘的国赛标准（节选自2012年全国职业院校技能竞赛规程）如下：

（1）比赛内容为荤素面半球形双拼，时间为15分钟。

（2）选手一律使用现场提供的方形西式火腿（220克）、象牙白萝卜（约200克）。

（3）白萝卜切丝垫底成1/4球面，切片两层刀面覆盖成型；方火腿垫底成1/4球面，切片两层刀面覆盖成型，两者体积相当且之间有约0.5厘米的齐直缝隙。

（4）不得使用蓉泥、粒形料垫底，不得借助扣碗等工具帮助成型。

（5）成品用现场提供的外径17.5厘米、内径11.5厘米的平盘盛装送评。

图1-3-1是用青萝卜和心里美萝卜制作的创意双拼。

图1-3-1　创意双拼

任务实施

一、物料选用

（1）双拼作品的原料搭配形式各异，对材料品种没有特定的要求，餐厅的双拼作品有全荤成菜的，也有荤素搭配成菜的。不同原料搭配在成菜色彩、效果和售价上会有区别。

微课3 双色拼盘制作

（2）本节课程所需材料：白萝卜700克、方火腿500克。

二、造型设计要求及成品要求

（1）根据碟子大小，确定双拼底胚的尺寸与比例。

（2）根据半球状底胚周长计算出两个面胚所需料胚的尺寸。大等腰梯形胚：长×底宽×顶宽×厚＝4.5厘米×1.2厘米×0.8厘米×0.15厘米。小等腰梯形胚：长×底宽×顶宽×厚＝3厘米×0.8厘米×0.5厘米×0.15厘米。如图1-3-2所示。

（3）成品要左右对称，形状饱满，效果图如图1-3-3所示。

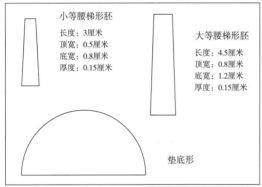

图1-3-2 料形尺寸设计

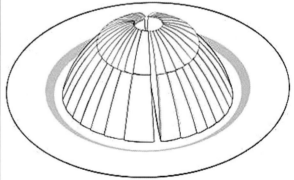

图1-3-3 成品效果图

三、制作过程

（1）将白萝卜切成细丝，加入精盐，挤掉水分备用（图1-3-4）。

（2）将白萝卜切成半径5厘米、厚1厘米的扇面胚并打上蓑衣花刀（图1-3-5）。

图1-3-4 白萝卜丝加精盐挤出水分

图1-3-5 将扇面胚打上蓑衣花刀

（3）将方火腿改刀成4.5厘米×1.2厘米×0.8厘米与3厘米×0.8厘米×0.5厘米的两个等腰梯形料胚（图1-3-6）。

（4）将梯形料胚改刀成厚0.15厘米的均匀片（图1-3-7）。

图1-3-6　将方火腿改刀

图1-3-7　将方火腿改刀成均匀片

（5）用蓑衣厚片搭建出1/4球体骨架，并用白萝卜丝与火腿片进行圆弧面的填充（图1-3-8）。

（6）在底胚表面挤上卡夫奇妙酱（图1-3-9）。

图1-3-8　搭建骨架与圆弧面填充

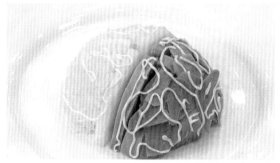
图1-3-9　底胚表面挤上卡夫奇妙酱

（7）长梯形火腿片用相同距离拼摆出第一层（图1-3-10）。

（8）将短梯形火腿片对应方向拼摆出第二层（图1-3-11）。

图1-3-10　拼摆第一层

图1-3-11　拼摆第二层

（9）白萝卜料胚的拼摆手法与火腿肠相同（图1-3-12）。

（10）用雕刻刀调整细节（图1-3-13）。

(11) 收口要平整，1/4球体之间要整齐分离（图1-3-14）。

(12) 刷油保湿保鲜（图1-3-15）。

(13) 双色拼盘成品（图1-3-16）。

图1-3-12　拼摆白萝卜料胚

图1-3-13　调整细节

图1-3-14　收口要整齐

图1-3-15　刷油保湿保鲜

图1-3-16　双色拼盘成品

任务评价

根据操作情况完成表1-3-2的打分，操作过程要用照片和视频形式记录下来，作为评分的依据。

表1-3-2　双色拼盘制作过程评分表

成员		填表时间		
项目	评价内容	配分	学生自评	小组互评	教师评价
卫生 (20分)	个人仪容仪表符合厨师操作要求，不留长指甲，头发"三不盖"，不佩戴首饰	5			
	台面干净，布置整齐，无杂物	5			
	物料清洗杀菌，食材焯水熟处理，操作过程配戴口罩和手套	5			
	工位干爽整洁、无边角料掉落、碟面干净	5			
刀工 (30分)	改刀动作自然放松，无重复动作，手法熟练	10			
	原料改刀成片均匀，厚度为1.5毫米	10			
	原料改刀做到物尽其用	10			
拼摆 (30分)	胚料盖面整齐，间距均匀，每一片都对准半球心	10			
	收口衔接得当，不出现缺口或漏垫底料情况	10			
	根据国赛规则进行定位制作	10			
造型 (20分)	成品比例自然，形象逼真	10			
	做到欣赏与食用相结合，体现作品的艺术性	10			
最终得分		100			

任务小结

（1）能根据作品要求准确地加工出料胚，且避免浪费。

（2）要根据荤素料的特点灵活改变底胚，确保成品尺寸一致。

（3）尽量运用拉刀法改刀成片，确保料胚的整齐与顺序，为提高工作效率打好基础。

（4）注重操作规范性的训练，培养良好的卫生习惯。

（5）梯形料胚成型时胚面要平整，否则会影响成品质量。

任务四　三色拼盘制作

任务情境

上节课，我们学习了双色拼盘制作，本节课我们来学习与双色拼盘表现手法完全不一样的三色拼盘制作。三色拼盘不仅具备食用性，还对菜肴的色、香、味、形有很高的要求，在餐厅中的推广性很强。除了改刀，我们还要学习调味技术。对于三色拼盘，同学们要结合时令和客人对菜肴的要求，根据原料质地进行调味，制作成菜。

本节课程的任务是掌握原料的改刀、熟处理、菜肴的色彩搭配和调味的方法。

任务工单

三色拼盘制作的任务目标，任务重、难点，实施要求，用品用具，制作流程见表1-4-1所列。

表1-4-1　三色拼盘制作任务工单

任务名称	三色拼盘制作
任务目标	1. 能运用直刀法改刀原料 2. 掌握原料的熟处理要求，确保爽口质感
任务重点	1. 掌握菜肴的调味方法，避免多油多汁的情况出现 2. 牛肉建议选择腱子肉，确保肉质紧实
任务难点	1. 三色拼盘的选碟，以及原料的荤素搭配 2. 菜品的装盘和点缀
实施要求	1. 莴笋改刀成长5厘米、厚0.4厘米的均匀丝 2. 能结合原料特性调制酸辣适度的凉拌汁 3. 牛肉改刀成厚0.2厘米的均匀片 4. 掌握牛肉的调味方法，以及与其他原料的色彩搭配 5. 掌握明虾的改刀、熟处理及调味方法
用品用具	菜刀、雕刻刀一套、白毛巾、纸巾、手套、口罩、原料盆、碟子、模具、镊子、油刷、食用油
制作流程	原料清洗杀菌→焯水或熟处理→台面布置→改刀处理→拌制入味→装碟成形→装饰点缀→出品

知识准备

何为三拼？有从食材的品种来表述的，也有从成型的形式来表述的。这说明三拼的表现形式不是单一的，而是变化多样、形式丰富的。在企业中，三拼的使用率非常高，成品的食用性强、推广价值高，在原料选择上突出荤料食材，实现荤素搭配，也有采用全荤食材成菜的。荤料食材主要采用烧和卤的烹调手法，色彩相对较暗，所以在色彩搭配上我们要尽量搭配亮色的食材。

三拼造型如图1-4-1所示。

图1-4-1　三拼造型

任务实施

一、物料选用

（1）素食材要以脆性口感和便于改刀成型的胡萝卜、白萝卜、莴笋、小青瓜为主，再利用西柠、洋葱、小米辣、红椒进行调味配色，所有食材都要新鲜。

微课4　三色拼盘制作

（2）荤料要选用肉质紧实、便于改刀成型的食材。牛肉以牛腱肉为最佳，其组织内带有筋膜，且煮熟后不易松烂。明虾首先要确保鲜活，不能选用速冻虾或死虾做凉拌食材。成菜时，食材搭配要尽量表现出色彩明快的效果，具体的原料选择要根据作品的实际需要和成菜特点来确定。

（3）本节课所需原料：洋葱30克、莴笋250克、青瓜200克、柠檬10克、朝天椒5克、大蒜5克、小苏打5克、红椒10克、卤牛肉150克、花生油150克、香油5克、辣鲜露10克、白醋20克、白砂糖20克、鸡精10克、虾100克、生抽15克、精盐8～10克、红油20克。

二、造型设计及成品要求

（1）根据成菜要求选用合适的三拼碟子。

（2）改刀后的大小要以方便食用为先，莴笋丝和青瓜条的大小设计如图1-4-2所示。

（3）装盘成菜要具有艺术性，成品要有立体效果，如图1-4-3所示。

莴笋丝
长度：5厘米
宽度：0.4厘米
厚度：0.4厘米

青瓜条
长度：5厘米
宽度：1厘米
厚度：1厘米

图1-4-2　原料大小设计

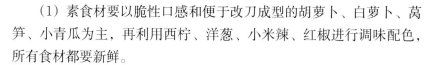

图1-4-3　三色拼盘成品效果图

三、制作过程

（1）将莴笋切成长5厘米、宽0.4厘米、厚0.4厘米的细丝（图1-4-4）。

（2）莴笋丝焯水断生，凉开水过冷确保脆性口感（图1-4-5）。

图1-4-4　莴笋切丝

图1-4-5　莴笋丝焯水断生

（3）加调味品拌制入味（图1-4-6）。

（4）装盘定型（图1-4-7）。

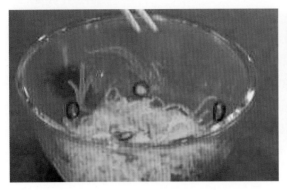

图1-4-6　莴笋丝调味

图1-4-7　莴笋丝装盘定型

（5）卤牛肉改刀成厚0.2厘米的均匀片（图1-4-8）。

（6）牛肉调味拌制（图1-4-9）。

（7）牛肉装盘成型（图1-4-10）。

（8）将虾去掉头尾，开背处理（图1-4-11）。

（9）将虾煮熟定型（图1-4-12）。

（10）虾球调味拌制（图1-4-13）。

（11）虾球装盘成型（图1-4-14）。

图1-4-8　卤牛肉改刀

图1-4-9　牛肉调味

图1-4-10　牛肉装盘成型

图1-4-11　将虾改刀

图1-4-12　将虾煮熟定型

图1-4-13　虾球调味拌制

图1-4-14　虾球装盘成型

（12）装饰点缀（图1-4-15）。

（13）三色拼盘成品（图1-4-16）。

图1-4-15　装饰点缀

图1-4-16　三色拼盘成品

任务评价

根据操作情况完成表1-4-2的打分，操作过程要用照片和视频形式记录下来，作为评分的依据。

表1-4-2　三色拼盘制作过程评分表

成员			填表时间		
项目	评价内容	配分	学生自评	小组互评	教师评价
卫生 （10分）	仪容仪表符合饮食卫生需要	5			
	操作区域干净整齐，成品碟干爽整洁	5			
刀工 （40分）	莴笋切成长5厘米、宽厚0.4厘米的细丝	10			
	牛肉改刀成厚度为0.2厘米的均匀片	10			
	小青瓜切成长5厘米、宽1厘米、厚1厘米的长条	10			
	洋葱切成圈，小米辣切圆片，大蒜剁碎	10			
拼摆 （30分）	莴笋丝成菜时做配色处理，定型自然	10			
	小青瓜条叠压成型，表现出清爽自然的效果	10			
	虾的拼摆成型整齐，表现出立体感	10			

项目	评价内容	配分	学生自评	小组互评	教师评价
造型 （20分）	碟面整洁，色泽搭配自然，菜肴成型整齐美观	10			
	成品造型具有新颖感	10			
最终得分		100			

任务小结

（1）理解三色拼盘成菜的特点和灵活转换运用。

（2）碟子的选用要贴合菜品成菜需要。

（3）熟练运用原料的初步加工和熟处理技术。

（4）调味是成菜的关键，味是菜肴的灵魂，要熟练掌握调味技术。

（5）根据卫生要求进行菜肴的摆盘点缀，不能出现多油多汁现象。

任务五 什锦拼盘制作

任务情境

上节课，我们学习了三色拼盘制作，刘军在课后练习时有了新的想法："能否在三色拼盘的基础上增加几种食材进行制作？"专业课老师给的解答是："在三色拼盘的基础上增加不同颜色、不同种类的食材，进行规则的拼摆，就是什锦拼盘。"

本节课，我们与刘军一起来跟老师学习什锦拼盘制作。

任务工单

什锦拼盘制作的任务目标，任务重、难点，实施要求，用品用具，制作流程见表1-5-1所列。

表1-5-1　什锦拼盘制作任务工单

任务名称	什锦拼盘制作
任务目标	掌握长等腰梯形原料的加工和等分定型法，掌握什锦拼盘的具体制作方法
任务重点	1．垫底料的整形与平面处理 2．以扇形成型手法进行等分料的拼摆
任务难点	1．拼摆成型时的准确性 2．每片原料之间拼摆距离的均等控制
实施要求	1．具备细致、耐心的职业素养，运用直刀法对长料胚进行改刀处理 2．取料要准，确保每种料胚的尺寸相同，做到不浪费食材 3．能根据作品的要求对垫底料进行拼摆前的等分处理
用品用具	菜刀、雕刻刀一套、白毛巾、纸巾、手套、口罩、原料盆、成品碟、油刷、食用油
制作流程	原料清洗杀菌→焯水或熟处理→分类盛装→台面布置→用料改刀→垫底成形→拼摆盖面→收口处理→装饰点缀→刷油保水→出品

知识准备

一、三原色

三原色分为色光三原色和印刷三原色两种。色光三原色主要应用在光学显示屏等电子设备领域，或在建筑外墙、室内环境的灯光配置中使用。对于烹饪专业而言，掌握印刷三原色的知识即可。

印刷三原色，即红色、黄色、蓝色。三种原色两两相叠加，就会形成新的三种颜色——橙色、绿色、紫色，称为三间色（图1-5-1）。

二、互补色

互补色，即相对角的两种颜色，可互相称对方为自己的"补色"。例如，红色的补色是绿色；黄色的补色是紫色，蓝色的补色是橙色（图1-5-2）。颜色的合理搭配在生活和工作中的运用原则是一样的。烹饪配色注重互补色的运用，这样搭配出的菜品颜色才会好看。

三、颜色的冷暖

颜色的冷暖不是指颜色自身的温度高低，而是指色彩在视觉上引发人们对冷暖感觉的心理联想。根据色彩对人的心理产生的影响，我们可以将十二色轮分为冷色和暖色（图1-5-3）。我们也可以理解为，暖色与冷色互为补色。

一道菜品中应是暖色调和冷色调的相互搭配（即存在互补色的关系）。如果冷暖色调比例是1∶1，菜肴配色效果不佳。如果菜品是全暖色系或全冷色系，菜肴颜色效果也不理想。通常冷暖色的占比以3∶7（三冷七暖）或7∶3（七冷三暖）为佳，以达到配色和谐的效果。

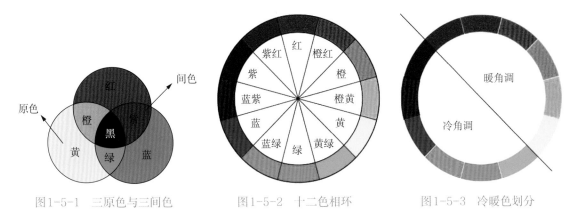

图1-5-1 三原色与三间色　　　　　图1-5-2 十二色相环　　　　　图1-5-3 冷暖色划分

任务实施

一、物料选用

（1）素食材建议选择脆性口感的材料，便于改刀和成型，如胡萝卜、青萝卜、心里美萝卜等。原料尽量两头大小均匀，长度或者直径达到12厘米以上，便于取料，避免产生过多的边角料造成浪费。

（2）袋装食品要确保不漏气、不鼓包、不过保质期，自制的荤料

微课5　什锦拼盘制作

食材要尽量当天用完。要根据色彩搭配原则进行选择，建议考虑当季的新鲜食材。

（3）本节课程所需原料：蛋黄糕100克、鸡蛋干100克、胡萝卜100克、方火腿100克、青萝卜100克、心里美萝卜100克、白萝卜100克、淮山土豆泥250克。

二、造型设计和设计要求

（1）根据作品构思选取合适的餐盘。

（2）选择符合初学者的外形成型手法。

（3）梯形料胚尺寸：顶宽×底宽×长×厚＝1厘米×1.5厘米×10厘米×0.15厘米，如图1-5-4所示。

（4）每组食材的内等分角度是60°，注意荤素料的结合与搭配，确保成品色彩协调，收口点缀要起到画龙点睛的效果，如图1-5-5所示。

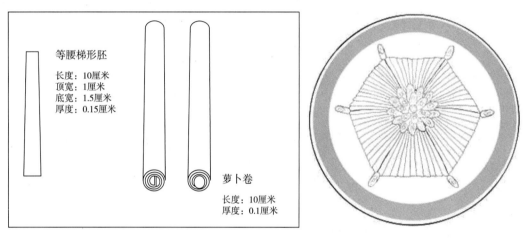

图1-5-4　梯形和萝卜卷外形设计　　　　　图1-5-5　造型设计效果图

三、制作过程

（1）食材洗净备用（图1-5-6）。

（2）食材焯水或熟处理（图1-5-7）。

（3）淮山、土豆泥垫底成型（图1-5-8）。

（4）垫底料平均分成六等份，并按压平整表面（图1-5-9）。

图1-5-6　食材准备

图1-5-7　食材熟处理

图1-5-8 垫底

图1-5-9 将垫底料分为六等份

（5）将食材加工成相同尺寸的等腰梯形料胚（图1-5-10）。

（6）用直刀法将料胚切成厚0.15厘米的均匀片（图1-5-11）。

（7）将原料叠摆成距离均等的扇形（图1-5-12）。

（8）摆成扇形的原料进行料胚头的裁平处理（图1-5-13）。

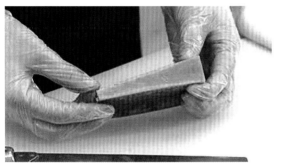

图1-5-10 加工等腰梯形料胚

图1-5-11 改刀成片

图1-5-12 将原料摆成扇形

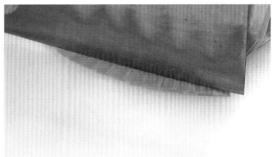

图1-5-13 将料胚头裁平

（9）每组原料衔接距离相同、角度相同（图1-5-14）。

（10）将白萝卜切或者平刀片成0.1厘米的薄片，泡软入味后卷料成条状（图1-5-15）。

（11）将斜角切好的萝卜段围摆成花朵形用于作品收口（图1-5-16）。

（12）刷油锁水处理（图1-5-17）。

（13）什锦拼盘成品（图1-5-18）。

图1-5-14　拼摆料胚

图1-5-15　将白萝卜片卷成条状

图1-5-16　将萝卜段围摆成花朵

图1-5-17　刷油锁水

图1-5-18　什锦拼盘成品

任务评价

　　根据操作情况完成表1-5-2的打分，操作过程要用照片和视频形式记录下来，作为评分的依据。

表1-5-2　什锦拼盘制作过程

成员			填表时间		
项目	评价内容	配分	学生自评	小组互评	教师评价
卫生（15分）	衣服整洁，头发做到"三不盖"，无长指甲，不佩戴首饰，无浪费现象	5			
	食材消毒杀菌、焯水熟处理，操作过程配戴口罩和手套，操作区域干净整洁	5			
刀工（30分）	梯形料胚加工动作自然放松，手法熟练	10			
	料胚加工成厚度为0.15厘米的均匀片	10			
	原料做到物尽其用	10			
拼摆（40分）	叠片距离均匀	10			
	每组原料所占比例相同	10			
	色彩搭配协调，颜色相近的错开	10			
	中心收口处萝卜卷拼摆成的花形自然	10			
造型（20分）	色彩搭配自然，片的距离均匀，不漏垫底料	10			
	做到欣赏与食用相结合，体现作品艺术性	10			
最终得分		100			

任务小结

（1）透彻理解色相环的知识。

（2）能正确构图，找准角度与比例。

（3）运用直刀、推拉、切技法加工原料，确保料胚的顺序整齐，提高工作效率。

（4）食材选择要满足作品需要，拼摆要规整，食材色彩搭配与衔接要得当。

（5）注重操作规范性的训练，培养操作耐心和卫生习惯。

模块二　基础象形拼盘

　　象形拼盘是指成品具有一定的象形效果，能将生活与大自然中的一些景色和物品通过冷拼的手法呈现出来。象形拼盘作品具有艺术美。基础象形拼盘就是制作难度较小的象形拼盘作品，以简单容易制作的内容为主。其题材多种多样，如扇子、花篮、桥梁、花卉等作品。

　　基础象形拼盘的特点就是既要满足艺术呈现的要求，也要兼顾容易掌握、便于操作的特点，所以在内容的选取时要合理，定位要准。学习和掌握基础象形拼盘能为后期的艺术小盘和主题艺术拼盘的学习打下坚实的基础。

任务一　扇形拼盘制作

任务情境

　　通过一个月基础拼盘的学习与实操练习，同学们对冷拼制作有了自己的理解，也具有了一定的操作能力。从本节课开始，我们的学习内容将提升一个档次，在原有技能的基础上增加了象形作品的造型能力要求。知识来源于生活，也要服务于生活，我们可以将生活中的一些物品用冷拼的形式呈现出来。同学们可以把自己喜欢的事物作为冷拼创作的对象，通过思考与实践将它们呈现给顾客。

　　本节课，我们的学习内容是扇形拼盘制作，大家在脑海中能想象它的样子吗？你打算怎样进行配料和刀工处理呢？又打算用何种形式来呈现它？通过还原自己脑海中呈现的扇形画面，看看跟老师制作的扇形拼盘有何不同。

任务工单

　　扇形拼盘制作的任务目标，任务重、难点，实施要求，用品用具，制作流程见表2-1-1所列。

表2-1-1　扇形拼盘制作任务工单

任务名称	扇形拼盘制作
任务目标	掌握扇形拼盘的原料选择和成型要求，能合理灵活地制作不同形式的扇形拼盘
任务重点	1. 扇形料胚尺寸比例的控制 2. 料胚之间的叠压与组合的细节把控

任务名称	扇形拼盘制作
任务难点	1. 折扇呈现的自然感和色彩搭配效果 2. 各组料胚组合到一起是否能呈现出逼真的扇形
实施要求	1. 能整理好自己的仪表仪态 2. 能合理配备操作工具和布置操作台面 3. 取胚下刀要准，能按照扇形拼盘的要求将原料改刀成型，不能产生浪费 4. 拼摆时要避免出现漏垫底料的现象
用品用具	菜刀、雕刻刀一套、白毛巾、纸巾、拼盘碟、原料盆、食用油、毛刷、一次性手套、口罩
制作流程	原料清洗杀菌→焯水处理→荤素分类盛装→原料改刀→垫底处理→扇骨加工→拼摆成型→装饰点缀→刷油保鲜处理→成菜

▎知识准备

　　扇子的种类繁多，根据形状可分为折扇、羽毛扇、蒲扇等（图2-1-1）。列入国家级非物质文化遗产名录的制扇技艺有江苏苏州的檀香扇、浙江杭州王星记扇子、重庆荣昌折扇、四川自贡龚扇、广东新会葵扇及湖州羽毛扇。

图2-1-1　扇子

　　折扇的常规功能是扇风祛热，同时还有装饰点缀的作用，在小说里扇子还可以作为兵器来使用。折扇能表现出不同的效果，在文人墨客手里能彰显出儒雅的风范，在旗袍加身的女士手里能表现出女性美。

　　我们要理解折扇的结构特征，根据折扇的尺寸比例，合理搭配食材品种和色彩。根据扇形拼盘的特点进行选料与制作，满足顾客对口味、营养的基础需求，在形态的表现上达到艺术美的精神享受。

▎任务实施

一、物料选用

扇形拼盘的原料可选用的比较多，脆性口感可生吃的素食材具有

微课6　扇形拼盘制作

方便改刀成型的优点，如胡萝卜、小青瓜、心里美萝卜、莴笋等。素食材要确保新鲜，若放置时间过长会导致食材脱水，影响菜品质量。素食材尽量选择大小均匀的，避免取料时产生过多的边角料，造成浪费。

荤食材要根据作品特点及顾客要求进行选择。首先，要确保食材新鲜，袋装食品要在保质期内，无漏气、虫咬、鼓包现象。其次，选用肉质紧实、便于改刀成型的食材，如腊肠、火腿肠、蒜香肠、卤牛肉、叉烧肉、桂花扎、白云猪手、蛋白糕、蛋黄糕等。最后，要结合色彩搭配知识做综合考虑，也可以根据时令选料。

本节课所需原料：胡萝卜20克、黄瓜1根、腊肠150克、蛋白糕100克、蛋黄糕100克、淮山土豆泥200克。

二、造型设计与成品要求

（1）根据折扇特点进行布局与设计。

（2）能合理搭配餐碟，表现艺术美。

（3）扇面展开的角度要达到100°～170°。

（4）主扇骨和各部位尺寸如图2-1-2和图2-1-3所示。

（5）计划好食材运用的具体位置。

（6）做到比例协调，兼顾食材搭配的呈现效果，成品效果图如2-1-4所示。

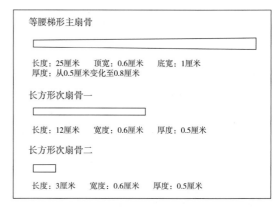

图2-1-2　扇骨大小设计图

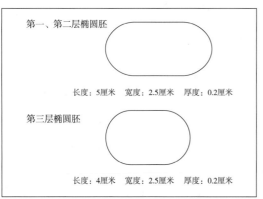

图2-1-3　扇面料胚设计图

图2-1-4　成品效果图

三、制作过程

（1）将焯过水的黄瓜顺长切下厚6毫米的片，切成两根长25厘米的扇骨（图2-1-5）。

（2）剩余的黄瓜改刀成5根长12厘米和5根长3厘米的细扇骨。运用扇骨确定出扇面的角度、大小和位置（图2-1-6）。

图2-1-5　改刀扇骨

（3）用淮山、土豆泥进行垫底（图2-1-7）。

图2-1-6　确定扇面位置和角度

图2-1-7　垫底

（4）腊肠用推刀锯切的方法切成厚0.2厘米的椭圆形均匀片（图2-1-8）。

（5）蛋白糕、蛋黄糕用直刀法切成厚0.2厘米的均匀片（图2-1-9）。

（6）胡萝卜片采用跳刀法加工成扇坠（图2-1-10）。

（7）胡萝卜和黄瓜改刀成0.1厘米厚的半圆形片（图2-1-11）。

图2-1-8　腊肠改刀

图2-1-9　蛋白糕和蛋黄糕改刀

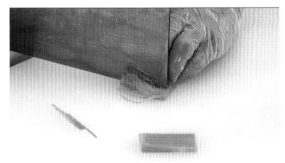

图2-1-10　加工扇坠

图2-1-11　改刀半圆片

（8）拼摆时要控制好扇面顶端的弧度（图2-1-12）。

（9）片的叠压距离要均匀，不漏垫底料（图2-1-13）。

（10）用胡萝卜和黄瓜片装饰扇面上下两条边线（图2-1-14）。

（11）装饰扇坠提升整体美观效果（图2-1-15）。

（12）刷油保鲜处理（图2-1-16）。

（13）扇形拼盘成品（图2-1-17）。

图2-1-12　控制扇面顶端的弧度

图2-1-13　片的叠压要均匀

图2-1-14　装饰扇面边线

图2-1-15　装饰扇坠

图2-1-16　刷油保鲜

任务评价

　　根据操作情况完成表2-1-2的打分，操作过程要用照片和视频形式记录下来，作为评分的依据。

图2-1-17　扇形拼盘成品

表2-1-2　扇形拼盘制作过程评分表

成员		填表时间			
项目	评价内容	配分	学生自评	小组互评	教师评价
仪容仪表（10分）	厨师服整洁，系满扣，工帽整齐，不佩戴首饰	5			
	不穿短裤、拖鞋、凉鞋进入操作室，不留长指甲	5			

（续表）

项目	评价内容	配分	学生自评	小组互评	教师评价
操作卫生 （20分）	台面整洁无杂物，荤素分开、生熟分开盛装	5			
	工位、地面确保干爽，无边角料掉落	5			
	成品碟内确保无水渍和多余物料	5			
	操作结束能及时高效地分工合作进行卫生清理	5			
刀工 （25分）	动作自然大方，手法熟练，无重复动作	5			
	原料厚薄均匀，厚度为0.2厘米	10			
	原料做到物尽其用，不浪费	10			
拼摆过程 （30分）	拼摆动作合理、熟练，叠料距离均等	5			
	无漏垫底料现象，成品层次分明、形态自然	10			
	点缀不喧宾夺主，成品进行刷油保鲜处理	5			
	体现小组成员分工合作，能按时完成制作任务	10			
造型 （15分）	成品比例自然，形象逼真，冷暖色搭配自然	10			
	做到欣赏与食用相结合，体现作品艺术性	5			
最终得分		100			

任务小结

（1）要充分理解折扇的特征和具体结构。

（2）各个部位的原料可以根据实际情况进行更换，以提升创作的灵活性。

（3）扇形拼盘的胚形也比较多，可以用长方形、等腰梯形或者椭圆形料胚制作。

（4）要养成多思考、常总结的习惯。没有理解胚形的特点，就会导致成品不达标，也会造成食材的浪费。

（5）要能对制作过程中出现的问题作出研判，找到解决方法，无法解决的问题可以和同学或者老师商量。

（6）练习是对知识与技能掌握情况最直接的检验，也培养了学生的卫生意识和职业素养。

任务 拱桥造型制作

任务情境

刘军与同学在公园游玩拍照时，发现拱桥桥面结构特征就是近期冷拼老师教授的冷拼料胚形状之一。他摸着栏杆沉思着，原来很多冷拼作品的原型就在自己身边，最好的冷拼题材就来源于生活、来源于大自然。第二天上学，他把所见所感与老师进行了分享，老师借此机会向同学们剖析了拱桥的结构，同时结合相关知识对大家进行了引导，并交给了同学们一个任务：运用冷拼技艺制作拱桥造型冷拼。

本节课程的学习内容是利用长方形料胚，结合雕刻技法制作出拱桥造型，并运用荷叶、假山等配件拼摆出一份拱桥造型冷拼作品。

任务工单

拱桥造型制作的任务目标，任务重、难点，实施要求，用品用具，制作流程见表2-2-1所列。

表2-2-1　拱桥制作任务工单

任务名称	拱桥造型制作
任务目标	掌握拱桥的结构与拼摆成型手法，选择与之相匹配的配件，拼摆成具有意境美的冷拼作品
任务重点	1. 拱桥造型的选定与加工成型 2. 拱桥的拼摆与组装
任务难点	1. 确定拱桥的桥洞、桥身、栏杆之间的比例 2. 桥面阶梯的加工与拼摆成形
实施要求	1. 掌握拱桥的结构，桥面的料胚要与桥身比例协调 2. 能根据作品大小合理加工装饰配件 3. 能准确拼摆出桥体，并组合出拱桥作品
用品用具	菜刀、雕刻刀一套、白毛巾、纸巾、一次性手套、口罩、原料盆、作品碟、油刷等
制作流程	原料清洗杀菌→焯水或熟处理→台面布置→改刀拱桥底胚→料胚加工成片→拼摆成型→装饰点缀→刷油保湿→出品

知识准备

拱桥是在竖直平面内以拱结构作为主要承重构件的桥梁。拱桥是向上凸起的曲面，其最大主应力沿拱桥曲面作用，沿拱桥垂直方向的最小主应力为零。

中国的拱桥始建于东汉中后期，至今已有一千八百余年的历史。它是由伸臂木石梁桥、撑架桥等逐步发展而成的。在形成和发展过程中，拱桥的外形是曲形的，古时常称其为曲桥。我国古代拱桥以石料为主，拱形有半圆、多边形、圆弧、椭圆、抛物线、蛋形、马蹄形和尖拱形等，造型应有尽有。现在，我国建造的钢筋混凝土拱桥的形式更是类型繁多，其中建造得比较多的是箱形拱、双曲拱、肋拱、桁架拱、钢架拱等，它们大多数是上承式桥梁，桥面宽敞。

拱桥造型优美，曲线圆润，富有动态感（图2-2-1）。单拱的拱桥跨度相对较窄，如北京颐和园玉带桥拱券呈抛物线形，桥身用汉白玉，桥形如垂虹卧波。多孔拱桥适合跨度较大

图2-2-1　拱桥

的宽广水面，常见的多为三孔、五孔、七孔，著名的有颐和园十七孔桥，长约150米，宽约6.6米，连接南湖岛，丰富了昆明湖的层次，成为万寿山的对景。

任务实施

微课7　拱桥造型制作

一、物料选用

制作桥拱要选择体积较大的原料。例如，拱桥底胚选用体积较大、外形较规则的方火腿，利于精准下刀，便于确定长宽高的比例；面胚选择与地面或者石料颜色接近的鸡蛋干比较合适。在制作拱桥造型拼盘时，我们要考虑色彩搭配，但具体部位的原料运用没有具体的要求。我们还可根据时令或者采购的便利性调整食材，色彩搭配得当即可。

本节课程所需食材：方火腿150克、鸡蛋干100克、小黄瓜50克、青萝卜50克、胡萝卜30克。

二、造型设计成品要求

（1）绘制拱桥结构与比例关系图，其大小如图2-2-2所示。

（2）根据餐碟的形状、大小等确定拱桥的位置与大小。

（3）确定拱桥拼盘的装饰搭配元素，其大小示意图如图2-2-3所示。

（4）合理进行组合，体现作品的立体效果和艺术美，拱桥造型作品效果图如2-2-4所示。

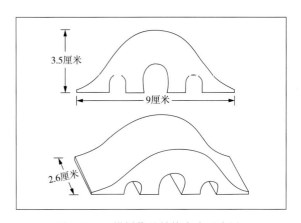

图2-2-2　拱桥作品结构大小示意图

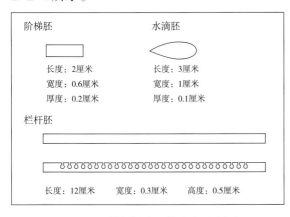

图2-2-3　拱桥拼盘配件大小示意图

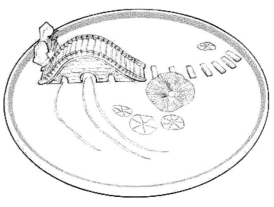

图2-2-4　拱桥作品效果图

三、制作过程

（1）取方火腿雕刻出拱桥轮廓（图2-2-5）。

（2）雕刻出拱桥两侧的石块花纹（图2-2-6）。

（3）将拱桥料胚用连刀法切片处理（图2-2-7）。

（4）用鸡蛋干制作桥面的阶梯，宽度与拱桥相同（图2-2-8）。

图2-2-5 雕刻拱桥轮廓

图2-2-6 雕刻石块花纹

图2-2-7 拱桥料胚切片

图2-2-8 确定鸡蛋干面胚

（5）用直刀法将鸡蛋干切成厚0.1厘米的均匀片。

（6）用鸡蛋干片摆出拱桥阶梯并修平两端（图2-2-9）。

（7）将拱桥阶梯平铺于桥面上（图2-2-10）。

图2-2-9 修整拱桥阶梯

图2-2-10 将阶梯平铺在桥面上

（8）用小青瓜厚片雕刻出拱桥栏杆（图2-2-11）。

（9）将栏杆组装于拱桥阶梯的两侧（图2-2-12）。

（10）青萝卜片推挪成扇形状拼摆成荷叶（图2-2-13）。

（11）雕刻装饰用的假山、小草、荷叶（图2-2-14）。

（12）将点缀物与拱桥作品进行结合成型（图2-2-15）。

（13）拱桥造型成品（图2-2-16）。

图2-2-11　雕刻栏杆

图2-2-12　组装阶梯

图2-2-13　拼摆出荷叶

图2-2-14　雕刻配件

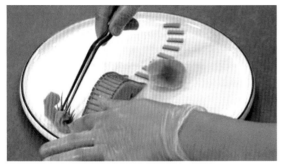

图2-2-15　结合成型

图2-2-16　拱桥造型成品

任务评价

根据操作情况完成表2-2-2的打分，操作过程要用照片和视频形式记录下来，作为评分的依据。

表2-2-2　拱桥造型制作过程评分表

成员			填表时间		
项目	评价内容	配分	学生自评	小组互评	教师评价
卫生 （10分）	台面干净，布置整齐，无杂物，地面干爽，无边角料掉落	5			
	食材清洗杀菌，焯水熟处理，操作戴口罩和手套，成品碟内确保无水渍和多余物料	5			

（续表）

项目	评价内容	配分	学生自评	小组互评	教师评价
刀工 （30分）	动作自然放松，手法熟练，无重复动作	10			
	原料切片要均匀	10			
	原料要物尽其用	10			
拼摆 （40分）	拼摆手法得当，整齐划一，一气呵成	10			
	荷叶拼摆注意片与片的衔接，做到均匀整齐	10			
	各元素配置摆放得当，产生美感	10			
	拱桥比例协调，细节处理得当	10			
造型 （20分）	成品比例自然，形象逼真	10			
	做到欣赏与食用相结合，体现作品艺术性	10			
最终得分		100			

任务小结

（1）根据对拱桥结构的理解来设计拱桥成型的比例。

（2）拱桥底胚虽然没有运用拼摆手法，但是也要打上花刀，不可整料上碟。

（3）根据原材料形状确定桥体大小，避免食材浪费。

（4）桥体是借助拼摆基础和美术基础来呈现的。

（5）拱桥各部分之间比例要协调，衔接得当，拼摆过程注重手法呈现。

任务三　吉祥灯笼制作

任务情境

刘军的妹妹带着老师布置的生活手工作业回家。在指导妹妹完成作业时，刘军联想到自己创作的冷拼作品——吉祥灯笼。灯笼在中国的传统文化里是喜庆、吉祥的象征。

本节课程我们就来制作一款吉祥灯笼题材的冷拼作品。我们将使用柳叶形料胚，运用直刀与拉刀技法，配合拼摆手法来完成本次学习任务。

任务工单

吉祥灯笼制作的任务目标，任务重、难点，实施要求，用品用具，制作流程见表2-3-1所列。

表2-3-1　吉祥灯笼制作任务工单

任务名称	吉祥灯笼制作
任务目标	掌握球面物体的成型技法，运用柳叶形料胚制作灯笼作品
任务重点	1. 灯笼料胚尺寸与厚薄的掌握 2. 制作灯笼作品时要控制好餐碟、灯笼及其他元素的比例关系

（续表）

任务名称	吉祥灯笼制作
任务难点	1. 面胚与底胚要相互匹配 2. 准确控制作品相关元素的比例关系
实施要求	1. 按照厨师职业标准做好个人卫生与操作卫生 2. 下刀精准，养成物尽其用的意识，结合餐碟的尺寸制作出比例协调的灯笼造型 3. 先确定灯笼面胚与底胚的大小，再确定料胚长短，并将原料加工成片
用品用具	菜刀、雕刻刀一套、白毛巾、纸巾、一次性手套、口罩、原料盆、食用油、油刷
制作流程	原料清洗杀菌→焯水或熟处理→台面布置→装饰物雕刻→捏塑灯笼底胚→面胚改刀成型→拼摆成型→假山制作→装饰点缀→出品

知识准备

灯笼，一种古时灯具，我国唐代就有使用灯笼的记载。

中国灯笼又统称为灯彩，是一种古老的传统工艺品（图2-3-1）。每年的农历新年，人们都挂起象征团圆意义的红灯笼，来营造节日的喜庆氛围。灯笼作为吉祥喜庆的象征，经过历代灯彩艺人的继承和发展，形成了丰富多彩的品种和高超的工艺水平。灯笼在种类上有宫灯、纱灯、吊灯等；造型上有人物、山水、花鸟、龙凤、鱼虫等，除此之外还有专供人们赏玩的走马灯。

冷拼作品中常见的灯笼造型如图2-3-2所示。

图2-3-1　中国灯笼

图2-3-2　常见灯笼造型冷拼

任务实施

一、物料选用

灯笼是喜庆的象征，所以面胚要选用胡萝卜、黄萝卜、心里美萝卜、红薯、基围虾等食材，其艳丽的色彩符合喜庆的特点。食材要确保新鲜，并进行熟处理。

微课8　吉祥灯笼制作

底胚通常选用可食性较强、具备可塑性的淮山泥、芋头泥、土豆泥或者丝状的食材；也可用细肉丝加卡夫奇妙酱来塑型。底部假山以荤素食材搭配为主，注重实用性。出于成本考虑，我们在练习时可用烫熟的澄面制作底胚。

本节课程所需原料：淮山土豆泥200克、胡萝卜50克、心里美萝卜150克、青萝卜70克、白萝卜100克、小青瓜30克、蒜香肠100克、鸡蛋干150克。

二、造型设计与成品要求

（1）根据构图要求选择合适的餐碟，根据餐碟设计水滴胚、半柳叶胚的大小，如图2-3-3所示。

（2）配合主题选择合适的食材。

（3）作品设计与食材搭配要符合艺术呈现的要求，作品效果图如图2-3-4所示。

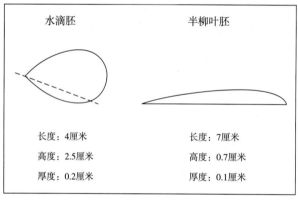

图2-3-3　水滴胚、半柳叶胚大小

图2-3-4　作品成品效果图

三、制作过程

（1）雕刻灯笼作品装饰物（竹子、竹叶等）（图2-3-5）。

（2）将竹子与竹叶拼摆于指定位置（图2-3-6）。

（3）用淮山土豆泥捏塑出灯笼底胚（图2-3-7）。

（4）取0.4厘米厚的胡萝卜片改刀成灯笼面胚（半柳叶形）（图2-3-8）。

（5）用雕刻主刀对灯笼面胚进行拉刀处理（图2-3-9）。

（6）雕刻装饰小草（图2-3-10）。

（7）将软化定型好的面胚拼摆成灯笼造型（图2-3-11）。

（8）灯笼细节处理，确保面胚与底胚衔接得当（图2-3-12）。

图2-3-5　雕刻装饰物

图2-3-6　拼摆竹叶

图2-3-7　捏塑底胚

图2-3-8　改刀灯笼面胚

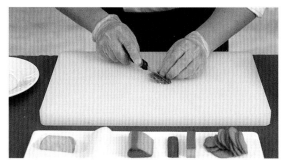

图2-3-9　对灯笼面胚做拉刀处理

图2-3-10　雕刻装饰小草

图2-3-11　拼摆成灯笼造型

图2-3-12　调整细节

（9）将胡萝卜薄片改成梳子花刀（图2-3-13）。

（10）将改刀后的胡萝卜卷成流苏（图2-3-14）。

（11）组装成灯笼（图2-3-15）。

（12）水滴形假山料胚拉刀成均匀片（图2-3-16）。

（13）假山拼摆（图2-3-17）。

（14）装饰小草，刷油保鲜处理（图2-3-18）。

（15）吉祥灯笼成品（图2-3-19）。

图2-3-13　将胡萝卜薄片改成梳子花刀

图2-3-14　卷制流苏

图2-3-15　组装

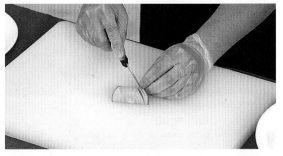

图2-3-16　假山料胚改刀成片

图2-3-17　假山拼摆

图2-3-18　刷油保鲜

图2-3-19　吉祥灯笼成品

任务评价

根据操作情况完成表2-3-2的打分，操作过程要用照片和视频形式记录下来，作为评分的依据。

表2-3-2　吉祥灯笼制作过程评分表

成员			填表时间		
项目	评价内容	配分	学生自评	小组互评	教师评价
卫生 (20分)	台面干净，布置整齐，无杂物	5			
	物料洗净，消毒杀菌，食材焯水熟处理，操作时配戴口罩和手套	5			
	个人工位地面确保干爽，无边角料掉落	5			
	成品碟内确保无水渍和多余物料	5			
刀工 (40分)	改刀动作自然放松，无重复动作，手法熟练	10			
	原料改刀成片均匀，厚度为0.1厘米	10			
	原料改刀做到物尽其用	10			
	原料改刀成片与样品是否相似	10			
拼摆 (30分)	手法得当，衔接合理	10			
	动作熟练，假山前后高低错落有致，层次分明	10			
	点缀适当，不喧宾夺主，成品刷油保鲜处理	10			
造型 (10分)	成品比例自然，形象逼真	5			
	做到欣赏与食用相结合，体现作品艺术性	5			
最终得分		100			

任务小结

（1）灯笼的款式可以变化，以欣赏价值高、便于制作的造型为宜。

（2）灯笼面胚通常以色彩艳丽、方便刀工处理的素食材为主。

（3）拼摆要确保片的距离均匀，衔接得当，不能出现漏垫底料的情况。

（4）原料拉刀要确保为0.1厘米的均匀薄片。

（5）注重操作规范性训练，培养良好的卫生习惯。

任务四　雨后春笋制作

任务情境

经历寒冬，春回大地，春笋破土而出，象征着生命与活力，表现了青云直上的美好愿望。笋是竹子的嫩芽，笋有破土而出、节节高升的寓意。刘军总结了两个多月的学习内容，认为自己掌握了许多原料改刀、拼摆等技能。他希望今后的技能学习也能像雨后春笋一样节节高升，让自己更自信。

本节课，我们就以竹笋为题材来表达自己学习冷拼技能的态度与决心。

任务工单

雨后春笋制作的任务目标，任务重、难点，实施要求，用品用具，制作流程见表2-4-1所列。

表2-4-1　雨后春笋制作任务工单

任务名称	雨后春笋制作
任务目标	掌握竹笋和竹子的制作手法，完整呈现冷拼作品
任务重点	1. 笋叶成形的挪料技巧 2. 笋叶的层次叠压技巧
任务难点	1. 笋衣的包裹成型 2. 笋与假山的衔接
实施要求	1. 选用绿色素食材制作 2. 长水滴形料胚的改刀成型要符合竹笋的要求 3. 取胚下刀要准，尽量不浪费食材 4. 熟练运用拼摆手法，成品兼具欣赏性与食用性
用品用具	菜刀、雕刻刀一套、白毛巾、纸巾、一次性手套、口罩、原料盆、食盐少许、油刷、食用油
制作流程	原料清洗杀菌→焯水或熟处理→分类盛装→台面布置→垫底料的成型→改刀成胚→加工成片→拼摆成型→装饰点缀→刷油保鲜→出品

知识准备

竹笋在不同季节有着不同的形态，春笋的笋衣主要是绿色的，冬笋的笋衣是土黄色的（图2-4-1）。竹笋的生长季节主要是春季，冬季竹笋生长缓慢。春笋的笋衣层次分明，有节节高升的气势。鲜笋分春笋和冬笋两种，冬笋品质优于春笋，而冬笋又以毛竹笋为优。

图2-4-1　春笋与冬笋

任务实施

一、物料选用

我们可以选用小青瓜、青萝卜等青色原料制作春笋的笋衣，选用鸡蛋干、黄甜笋等外观接近土黄色或浅黄色的原料制作冬笋的笋衣。无论是制作春笋还是制作冬笋，在选料时应尽量使用色彩渐变的部位，这样制作的冷拼作品会更加真实。

微课9　雨后春笋制作

竹笋垫底料建议选用便于塑形的细丝或泥蓉等食材制作，如土豆泥、红薯泥、山药泥、熟澄面、萝卜丝、鸡丝等。

制作假山的食材色彩宜丰富，并满足食用性要求。

本节课程所需原料：青萝卜200克、心里美萝卜100克、小青瓜70克、澄面300克、西兰花10克、沙拉酱30克、花生油少许。

二、造型设计

（1）根据作品构思选取合适的餐碟。

（2）作品布局要有虚实之分，做留白处理，体现意境美。

（3）注意作品内容主次区分。

（4）注意荤素料的合理选用，确保色彩搭配协调。

（5）装饰点缀物要有画龙点睛的效果，作品手绘效果图如2-4-2所示。

图2-4-2　雨后春笋效果图

三、制作过程

（1）原料焯水熟处理（图2-4-3）。

（2）将熟澄面捏成笋的胚形（图2-4-4）。

（3）运用圆弧刀法进行笋叶胚的取料（图2-4-5）。

（4）笋叶胚拉刀成厚0.05厘米的均匀片（图2-4-6）。

（5）竹子的刻制成型（图2-4-7）。

（6）假山料胚切成厚0.2厘米的均匀片（图2-4-8）。

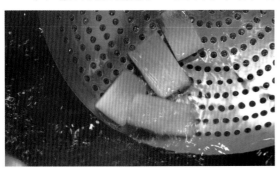

图2-4-3　原料焯水熟处理

图2-4-4　将熟澄面捏成笋的胚形

图 2-4-5　笋叶胚取料

图 2-4-6　将笋叶胚拉刀成片

图 2-4-7　刻制竹子

图 2-4-8　将假山料胚改刀成片

（7）笋尖的拼摆（图 2-4-9）。

（8）笋叶的交错拼摆定型（图 2-4-10）。

（9）假山的垫底成型（图 2-4-11）。

（10）假山的拼摆成型（图 2-4-12）。

图 2-4-9　拼摆笋尖

图 2-4-10　交错拼摆笋叶

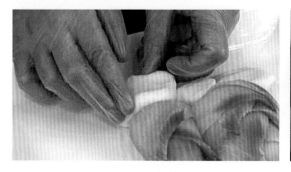

图 2-4-11　假山垫底

图 2-4-12　拼摆假山

（11）笋根与小草的装饰点缀（图2-4-13）。

（12）竹子的拼摆成型（图2-4-14）。

（13）刷油保鲜处理（图2-4-15）。

（14）雨后春笋成品（图2-4-16）。

图2-4-13　装饰笋根

图2-4-14　拼摆竹子

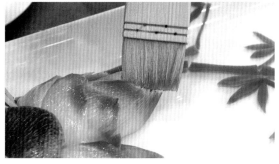

图2-4-15　刷油保鲜

任务评价

　　根据操作情况完成表2-4-2的打分，操作过程要用照片和视频形式记录下来，作为评分的依据。

图2-4-16　雨后春笋成品

表2-4-2　雨后春笋制作过程评分表

成员			填表时间		
项目	评价内容	配分	学生自评	小组互评	教师评价
卫生 （10分）	个人仪表符合厨师职业要求，不留长指甲，不佩戴首饰，头发做到"三不盖"	5			
	确保操作区域干净整洁，无边角料掉落，操作过程配戴口罩和手套	5			
刀工 （35分）	笋叶胚拉刀成厚0.05厘米的均匀片	10			
	假山胚切成厚0.2厘米的均匀片，原料做到物尽其用	15			
	雕刻的竹、叶能匹配作品，做到比例协调	10			

（续表）

项目	评价内容	配分	学生自评	小组互评	教师评价
拼摆 （35分）	笋衣的拼摆表现出层次感与自然感	10			
	竹子能起到装饰美化作品的作用，不漏垫底料	10			
	假山的拼摆层次错位自然、色彩搭配协调	10			
	点缀物选择合理，比例适当	5			
造型 （20分）	成品比例协调，形象逼真，碟内无水渍	10			
	做到欣赏与食用相结合，体现作品艺术性	10			
最终得分		100			

任务小结

（1）透彻理解春笋和冬笋在选料方面的区别。

（2）拼摆时，刀法、手法运用要准确，注意细节处理及竹笋垫底的饱满度。

（3）打胚时确保长水滴形尾部不能太尖。

（4）理解笋叶拼摆时怎样挪料及如何包盖垫底料。

（5）注重操作规范性训练，培养良好的卫生习惯。

（6）长水滴形料胚成型时，胚面要光滑圆润，不能凹凸不平，否则会影响成品质量。

任务五　象形假山制作

任务情境

　　祖国大地幅员辽阔，物产丰富，各有特色。山也是如此，有平原地带的丘陵（南宁市周边），有喀斯特地貌的山形（桂林山水），还有连绵起伏的覆盖原始森林的山群等。千姿百态的山，给我们提供了丰富的物产资源。生活中，人们喜欢游山玩水；艺术上，画家能绘出美轮美奂的山水画；烹饪上，作为厨艺工作者的我们也能将山的题材用于冷拼作品的创作。

　　本节课，我们就结合丘陵和喀斯特地貌的山进行冷拼作品的创作。

任务工单

　　象形假山制作的任务目标、任务重、难点，实施要求，用品用具，制作流程见表2-5-1所列。

表2-5-1　象形假山制作任务工单

任务名称	象形假山制作
任务目标	1. 能运用直刀和拉刀技法对食材改刀成形 2. 掌握平面假山和立体假山的制作手法
任务重点	1. 掌握每组原料的错位叠压成型手法 2. 立体假山成型时的前后、高低和大小比例控制

（续表）

任务名称	象形假山制作
任务难点	1. 平面假山成型时的自然衔接效果 2. 立体假山成型后作品的整体效果
实施要求	1. 根据构图对原料进行大小胚型的改刀处理 2. 取胚下刀要准，不浪费食材 3. 掌握平面假山原料成型后的饱满感效果
用品用具	菜刀、雕刻刀一套、白毛巾、纸巾、一次性手套、口罩、原料盆、成品碟、油刷、食用油
制作流程	原料清洗杀菌→焯水或熟处理→分类盛装→台面布置→用料改刀→挪料成型→拼摆成型→装饰点缀→出品

知识准备

地形可分为平原、高原、丘陵、盆地、山地五种。山体可分为山峰、山脊、山谷、陡崖、鞍部五部分。我们要在理解山体构造的基础上，掌握立体假山（图2-5-1）和平面假山的构成，包括山谷、山脉远近层次的表现，对食材进行改刀处理，拼摆时兼顾每组山体的高低、前后位置安排及色彩的合理搭配（图2-5-2）。

图2-5-1 立体假山

图2-5-2 半立体假山拼盘

任务实施

一、物料选用

素食材建议选择脆性口感、便于改刀成形的品种，如胡萝卜、白萝卜、青萝卜、小青瓜、心里美萝卜等。

在选用荤食材时，对于袋装食品首先要查看保质期，其次要选择肉质紧实、便于改刀成型的品种，如方火腿、蒜香肠、火腿肠、鸡蛋干、卤牛肉、叉烧等。

微课10 象形假山制作

本节课所需原料：鸡蛋干30克、白萝卜20克、青萝卜20克、心里美萝卜20克、胡萝卜20克、方火腿30克、蒜香肠30克、水晶肘子30克、西兰花10克、小青瓜20克。

二、造型设计与成品要求

（1）根据拼盘餐碟，构思设计山体料胚的大小。

（2）山体可用水滴形和椭圆形料胚摆成，如图2-5-3所示。

（3）合理安排山体的大小与比例，对山体进行适当点缀装饰，平面假山和立体假山效果图如图2-5-4和图2-5-5所示。

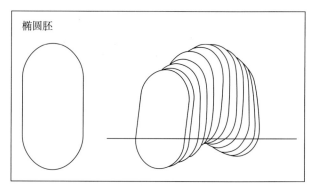

椭圆胚

图2-5-3 椭圆形料胚摆山形

图2-5-4 平面假山作品效果图

图2-5-5 立体假山作品效果图

三、制作过程

1. 平面假山制作

（1）素食材焯水或熟处理（图2-5-6）。

（2）水滴形料胚的取料成型（图2-5-7）。

（3）料胚拉刀成厚0.2厘米的均匀片（图2-5-8）。

（4）成型的基础假山（图2-5-9）。

图2-5-6 素食材做熟处理

图2-5-7 料胚取料成型

图2-5-8　将料胚拉刀成片

图2-5-9　成型的基础假山

（5）将基础假山料胚拼摆叠压成山形（图2-5-10）。

（6）山体底部收口处理（图2-5-11）。

（7）平面假山成品（图2-5-12）。

图2-5-10　拼摆叠压成山形

图2-5-11　做收口处理

图2-5-12　平面假山成品

2. 立体假山制作

（1）料胚切片成厚0.2厘米的椭圆形片（图2-5-13）。

（2）将成型的基础假山切平底部（图2-5-14）。

（3）半成品展示（图2-5-15）。

（4）将半成品组合拼摆成立体假山群（图2-5-16）。

图2-5-13　料胚切片

图2-5-14　将基础假山底部切平

图2-5-15　半成品

图2-5-16　拼摆假山群

（5）加工装饰小配件（图2-5-17）。

（6）装饰点缀与刷油保鲜（图2-5-18）。

（7）立体假山成品（图2-5-19）。

图2-5-17　加工配件

图2-5-18　刷油保鲜

图2-5-19　立体假山成品

任务评价

根据操作情况完成表2-5-2的打分，操作过程要用照片和视频形式记录下来，作为评分的依据。

表2-5-2　象形假山制作过程评分表

成员			填表时间		
项目	评价内容	配分	学生自评	小组互评	教师评价
卫生 （10分）	衣服整洁，无长指甲，不佩戴首饰，头发"三不盖"	5			
	工位干爽，无边角料掉落，砧板干净卫生，成品碟内无水渍和多余物料	5			
刀工 （30分）	改刀自然放松准确，料胚表面没有多余刀痕	10			
	改刀厚薄均匀，做到物尽其用，无浪费现象	10			
	能根据造型要求做出假山形状	10			
拼摆 （40分）	掌握假山料胚的错位叠压技巧	10			
	能根据假山的成型要求对料胚进行裁剪处理	10			
	成品色彩搭配自然、比例协调、造型逼真	10			
	掌握假山远近、高低及大小的搭配结合	10			
造型 （20分）	作品色彩协调、比例合理	10			
	做到欣赏与食用相结合，体现作品艺术性	10			
最终得分		100			

任务小结

（1）理解山体的结构特征。

（2）能根据冷拼作品的实际需要变化胚形的呈现形式。

（3）能根据作品特点快速准确地加工出胚形，避免浪费食材。

（4）注重操作规范性的训练，培养良好的卫生习惯。

（5）根据设计要求合理选择餐碟进行拼摆。

模块三　艺术小盘

艺术小盘是由基础造型冷拼发展而来的，是中华饮食文化孕育出的一颗璀璨明珠，其历史源远流长。早在唐代，我国就有了用菜肴仿制园林胜景的形式；宋代出现了以冷盘仿制园林胜景的形式；明清时期，拼盘技艺进一步发展，制作水平更加精细。

艺术小盘也称象形小盘，是指利用各种加工好的冷菜原料，采用不同的刀法和拼摆技法，按照一定的次序、层次和位置将冷菜原料拼摆成花鸟虫鱼、山水园林等题材图案，为就餐者提供餐食和精神双重享受的一种冷菜拼盘。艺术小盘是一种技术要求高、艺术性强的冷盘，制作程序比较复杂，以高档宴席运用为主。其特点是主题突出、图案新颖、形态生动、造型逼真、食用性强。艺术小盘是厨师通过精心构思和设计，运用精湛的刀工及艺术拼摆手法制作而成的。艺术小盘的成菜效果有平面形、半立体形和立体形三种。

任务一　海岛风光制作

任务情境

不知不觉本学期已过去大半，同学们对冷拼技能的学习已小有所成。又到了一年一度的中职生技能比赛的选拔时间，在得知选拔条件后，同学们踊跃报名，都想代表学校参加比赛，为学校争光。刘军分析了老师提出的"既要在规定时间内完成作品，又要制作出美观、实用的冷拼作品"的要求，发现单凭对冷拼课的热爱还远远不够，作品一定要有艺术感，在满足以食用为主的基础上，还要荤素搭配、营养搭配。刘军灵机一动，想到了著名诗人王勃的名句"落霞与孤鹜齐飞，秋水共长天一色"，一幅海边日落的美景瞬间映入在刘军的脑海。刘军下定决心："对，就制作一个海边风景作品吧！"

下面就让我们与刘军一起向着为学校争光的参赛梦奋斗吧！

任务工单

海岛风光制作的任务目标，任务重、难点，实施要求，用品用具，制作流程见表3-1-1所列。

表3-1-1 海岛风光制作任务工单

任务名称	海岛风光制作
任务目标	在基础象形拼盘的基础上加大难度，制作符合比赛与推广要求的艺术小盘
任务重点	1. 海岛风光各元素的有效结合 2. 假山原料的改刀与拼摆技巧
任务难点	1. 假山料胚改刀过程中各种刀法的结合与切换 2. 作品自然美的呈现
实施要求	1. 操作前检查仪容仪表，做好操作台面的清洁卫生 2. 针对不同材料进行清洗杀菌和熟处理 3. 拼摆时各料胚间的衔接要自然，无露底现象，装饰物运用合理，色彩搭配协调
用品用具	菜刀、雕刻刀一套、白毛巾、纸巾、一次性手套、口罩、作品碟、原料盆、食用油、油刷、食盐
制作流程	选料→清洗杀菌→焯水或熟处理→台面布置→构图→改刀成胚→刀工细化→拼摆成型→装饰点缀→刷油保鲜→出品

知识准备

海岛风光作品结合了冷拼拼摆手法及图形艺术呈现的有关知识，原料的选择要以接近实物的景与色为前提，注重各景观元素的合理搭配。

常用的绘画构图方法有九宫格构图法、十字形构图法、三角形构图法、三分法构图法、A形构图法、S形构图法、V形构图法、O形构图法、T形构图法、W形构图法、C形构图法、方形构图法、圆形构图法、水平式构图法、黄金分割比例构图法等，常见的几种构图方法如图3-1-1所示。根据形式美的要求，菜品的构图可分为对称式构图、均衡构图、平行

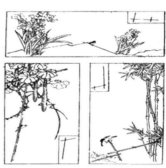

(a) 九宫格构图法　　　　(b) T形构图法　　　　(c) S形构图法

(d) 黄金分割比例构图法　　　　(e) 构图方法简图展示

图3-1-1　常见构图方法

构图、垂直构图、斜线形构图、曲线形构图等。

任务实施

一、物料选用

意境小拼盘在选料上要求原料色泽接近想要表达的风景的色泽，食用部分要求荤素搭配，观赏部分一般选用素料，便于造型。例如，椰树与椰果用鸡蛋干制作，椰树叶用水果黄瓜制作，假山部分用卤牛肉、卤猪舌、皮蛋肠、方火腿、蒜香肠、红肠、小青瓜、胡萝卜等制作。

本节课所需原料：小青瓜50克、鸡蛋干、胡萝卜50克、青萝卜50克、心里美萝卜50克、蒜香肠50克、鸡蛋干210克、盐（黄姜粉调制）30克。

二、造型设计与成品要求

（1）以海边风景为设计主题。

（2）原料的选取要契合主题。

（3）椰树叶用半柳叶胚加工成，假山用椭圆形胚加工成，如图3-1-2所示。

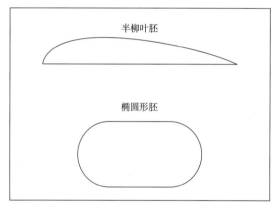
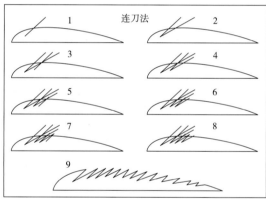

图3-1-2　半柳叶胚和椭圆形胚料形

（4）呈现手法要自然逼真，成品效果图如图3-1-3所示。

三、制作过程

（1）取厚0.2厘米的小青瓜皮刻出椰树叶子轮廓（图3-1-4）。

（2）将叶子初胚斜角改成梳子花刀（图3-1-5）。

（3）用鸡蛋干刻出椰树树干形（图3-1-6）。

（4）用O形拉刻刀刻出椰果（图3-1-7）。

微课11　海岛风光制作　图3-1-3　海岛风光作品效果图

图3-1-4　刻出椰树叶子轮廓

图3-1-5　将叶片改刀

图3-1-6　刻出椰树树干

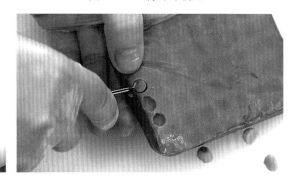

图3-1-7　刻出椰果

（5）将梳子花刀料胚叠压摆成椰树叶子（图3-1-8）。

（6）固定好树干后组装上椰果（图3-1-9）。

（7）假山料胚加工成厚0.2厘米的均匀椭圆片（图3-1-10）。

（8）将厚0.2厘米的均匀蒜香肠片拼摆成假山（图3-1-11）。

（9）鸡蛋干用雕刻刀拉刀处理，确保不变形（图3-1-12）。

（10）将基础假山胚形叠压成假山（图3-1-13）。

（11）雕刻点缀物（小假山、小草、水浪、海鸥等）（图3-1-14）。

（12）将所有点缀物对应摆放入碟（图3-1-15）。

（13）用黄姜粉和食盐制成的"黄沙"，做沙滩（图3-1-16）。

（14）整理碟面卫生并做保鲜保湿处理（图3-1-17）。

（15）海岛风光成品（图3-1-18）。

图3-1-8　拼摆椰树

图3-1-9　组装椰果

图3-1-10　切水滴片

图3-1-11　拼摆假山

图3-1-12　改刀鸡蛋干

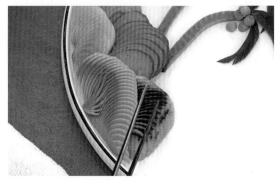

图3-1-13　叠压假山

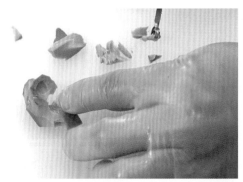

图3-1-14　雕刻点缀物

图3-1-15　摆放点缀物

图3-1-16　铺设黄姜粉和食盐

图3-1-17　做保湿保鲜处理

图3-1-18　海岛风光成品

任务评价

根据操作情况完成表3-1-2的打分，操作过程要用照片和视频形式记录下来，作为评分的依据。

表3-1-2　海岛风光制作过程

成员			填表时间		
项目	评价内容	配分	学生自评	小组互评	教师评价
卫生 （10分）	台面干净，布置整齐，无杂物	5			
	物料洗净、杀菌、焯水熟处理，操作过程全程配戴口罩和手套	5			
刀工 （40分）	根据作品主题改刀原料，手法熟练，无空刀现象	10			
	原料切片要均匀，厚度为0.2厘米	10			
	原料改刀做到物尽其用，不浪费食材	10			
	原料胚形要与模仿物品的形态相似	10			
拼摆 （30分）	料胚整齐划一，衔接合理、自然	10			
	假山前后高低错落有致，层次分明	10			
	点缀适当，不喧宾夺主，成品刷油保鲜处理	10			
造型 （20分）	成品比例协调，用量合理	10			
	做到欣赏与食用相结合，体现作品艺术美	10			
最终得分		100			

任务小结

（1）结合各主题元素选择合适的构图方法。

（2）制作过程中要符合卫生要求，荤素搭配得当。

（3）改刀手法要娴熟、规范有序，无多余动作，下刀精准，做到物尽其用。

（4）荤料与素料所用刀法不同，适时调整改刀方法。

（5）拼摆过程注重手法呈现，注意料胚之间的衔接，多加练习。

（6）配饰以简约为主，不过多占用时间。

任务二　马头琴制作

任务情境

上周大家学习了海岛风光题材的作品制作，刘军的作品非常出色，他对海景作品各元素有了更加系统的理解。

在总结海岛风光作品时，刘军回忆起自己跟家人去海边游玩，有游客在沙滩上一边享受美食一边弹琴，优美的琴声给人成倍的喜悦感。我们可以通过冷拼手法把能够演奏优美乐曲的乐器呈现给顾客，这岂不是给人以双重的精神享受。

本节课以马头琴为主题进行冷拼作品创作，大家在制作之前要对马头琴有深入的了解，为顺利完成作品做好准备。

任务工单

马头琴制作的任务目标，任务重、难点，实施要求，用品用具，制作流程见表3-2-1所列。

表3-2-1　马头琴制作任务工单

任务名称	马头琴制作
任务目标	1. 能根据马头琴主题选取食材，兼顾欣赏性与食用性 2. 能根据马头琴的特征选择合适的胚形
任务重点	1. 掌握马头琴的形状与呈现比例 2. 掌握琴体原料的组合搭配
任务难点	1. 马头琴琴弦的组装 2. 马头琴比例与形状的表现
实施要求	1. 按厨师职业要求检查仪表仪态，精心设计作品 2. 能根据马头琴的特点合理加工食材 3. 假山部位的原料搭配要能引起顾客的食欲 4. 作品呈现要确保整体协调性（包括大小比例、色彩搭配等）
用品用具	菜刀、雕刻刀一套、白毛巾、纸巾、拼盘碟、原料盆、食用油、毛刷、手套、口罩、镊子
制作流程	原料清洗杀菌→焯水货熟处理→分类盛装→改刀→拼摆成型→装饰点缀→刷油保鲜→出品

知识准备

马头琴，因琴头雕饰马头而得名。马头琴由共鸣箱、琴头、琴杆、弦轴、琴马、琴弦和琴弓等部分组成，具体如图3-2-1所示。

相传，马头琴最早是由察哈尔草原一个叫苏和的小牧童制作的。苏和有着非凡的歌唱天赋，邻近的牧民都愿意听他歌唱。一天，苏和在放羊回家的路上捡到一匹小马驹，小马驹长大后浑身雪白，又美丽又健壮，人见人爱。在王爷为女儿选婿的赛马大会上，苏和骑着白马赢得了比赛，但是王爷发现苏和是个穷牧民，便不提招亲之事，想用三个元宝打发他走，还要求苏和把马留下。苏和不肯便被打得昏迷不醒。白马在逃跑时被王爷的手下用箭射中，最后死在苏和面前。后来白马托梦给苏和，让苏和用它身上的筋骨做了一把琴，这就是马头琴由来的传说。

任务实施

一、物料选用

马头琴琴体厚实，可选用的原料较广泛，荤素食材都可以考虑。琴柄的长度要控制好，使作品整体协调美观。在制作可食用的菜品时，建议琴体选用体积大、容易掌控成型效果的荤食材制作，或用荤素结合的方式呈现，例如卤牛肉、豆腐干等。琴头（马头）部分建议选择脆性口感的素食材制作，便于呈现立体效果，同时还要考虑到色彩搭配，例如胡萝卜、青萝卜。

本节课所需原料：无淀粉烤肉250克、琼脂10克、胡萝卜300克、青萝卜100克、小青瓜60克、蒜薹1根、蛋黄糕60克、鸡蛋干150克。

二、造型设计与成品要求

（1）选用浅色的长方形餐碟，便于拼摆造型。

（2）控制好琴柄的长度，确保琴的整体比例协调。

（3）假山采用类似琴键的排列手法成型，紧扣音乐主线。

微课12 马头琴制作

（4）琴头利用胡萝卜加工成型，表现色差。

（5）选择真实的花草进行点缀装饰。作品效果图如图3-2-2所示。

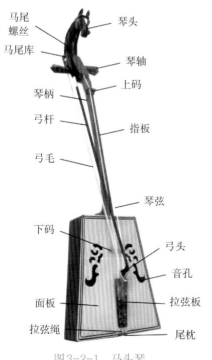

图3-2-1 马头琴

图3-2-2 马头琴作品效果图

三、制作过程

（1）根据餐碟尺寸确定琴体为长12厘米、宽10厘米、高1.5厘米的等腰梯形。

（2）琴柄与琴头的长度约为琴身长度的2倍。

（3）琴体材料改刀成片状，并排列整齐（图3-2-3）。

（4）将胡萝卜雕刻成马首（图3-2-4）。

（5）蒜薹拉刻成琴弦（图3-2-5）

（6）假山原料改刀成片（图3-2-6）。

（7）将假山原料按照设计要求摆入盘中（图3-2-7）。半成品如图3-2-8所示。

（8）胡萝卜雕刻成琴轴（图3-2-9）。

（9）用半成品原料拼摆成琴的形状（图3-2-10）。

（10）组装琴头和琴弦（图3-2-11）。

（11）装饰点缀假山（图3-2-12）。

（12）马头琴冷拼成品（图3-2-13）。

图3-2-3　琴体改刀

图3-2-4　雕刻琴头

图3-2-5　拉刻琴弦

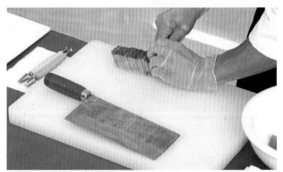

图3-2-6　假山原料改刀成片

图3-2-7　拼摆假山原料

图3-2-8　半成品

图3-2-9 雕刻琴轴

图3-2-10 拼摆琴的形状

图3-2-11 组装琴头和琴弦

图3-2-12 点缀假山

图3-2-13 马头琴冷拼成品

任务评价

根据操作情况完成表3-2-2的打分，操作过程要用照片和视频形式记录下来，作为评分的依据。

表3-2-2 马头琴制作过程评分表

成员		填表时间			
项目	评价内容	配分	学生自评	小组互评	教师评价
仪容仪表（10分）	厨师服整洁，系满扣，工帽整齐，不佩戴首饰	5			
	不穿短裤、拖鞋、凉鞋进操作室，不留长指甲	5			

（续表）

项目	评价内容	配分	学生自评	小组互评	教师评价
操作卫生（20分）	台面整洁无杂物，原料荤素、生熟分开盛装	5			
	工位、地面确保干爽，无边角料掉落	5			
	成品碟内确保无水渍和多余物料	5			
	操作结束能及时高效地分工合作进行卫生清理	5			
刀工成型（30分）	改刀动作自然大方、手法熟练，无切伤现象	10			
	琴体原料改刀成整齐的厚0.15厘米的均匀片	5			
	假山原料改刀成厚0.2厘米的均匀片	5			
	琴头雕刻形象，琴弦用组织紧密的素食材加工	5			
	原料改刀做到物尽其用，无浪费	5			
拼摆过程（25分）	动作熟练，假山的组合高低错落、层次分明	10			
	点缀适当，不喧宾夺主，成品刷油保鲜处理	5			
	领取和归还工具、用具能体现团队成员之间的分工合作	5			
	能按时完成制作任务	5			
造型（15分）	成品比例自然，布局合理，主次分明，形象逼真	5			
	冷暖色搭配自然，做到欣赏与食用相结合	10			
最终得分		100			

任务小结

（1）制作马头琴冷拼作品，要求了解琴的结构特征，掌握好琴的比例。

（2）琴体部分的用料尽量做到荤素搭配。

（3）假山造型要符合作品的整体效果，不能产生违和感。

（4）点缀物要有清新雅致的效果。

任务二 荷塘月色制作

任务情境

刘军通过在企业的"认知实习"，对烹饪专业有了更加清晰的认识，对以后的学习也有了更明确的思路。"认知实习"是每个职校在校期间重要的学习组成部分，实习的目的在于通过岗位认知，更真实地理解厨师的岗位与分工，对所学专业形成感性认识，树立正确的专业思想，为后续的专业课程学习做好准备。"认识实习"让刘军收获很大，通过总结自己的所见所闻，让他对拼盘有了创新制作的想法，他想制作一款以"荷花荷叶"为主要表现内容的作品。

任务工单

荷塘月色制作的任务目标，任务重、难点，实施要求，用品用具，制作流程见表3-3-1所列。

表3-3-1　荷塘月色制作任务工单

任务名称	荷塘月色制作
任务目标	通过荷花的制作掌握立体花卉的成型技法
任务重点	1. 荷花的成型处理与荷叶的结合效果 2. 荷花自然形态的呈现
任务难点	1. 花瓣推捏成型手法和拼摆固定效果 2. 荷叶边缘的自然效果
实施要求	1. 能合理配备操作工具和布置操作台面 2. 取胚下刀要准，不浪费食材 3. 荷花要从花朵外侧向花心依次拼摆 5. 料胚拉刀成片均匀
用品用具	菜刀、雕刻刀一套、白毛巾、纸巾、一次性手套、口罩、原料盆、成品碟、油刷、食用油
制作流程	原料清洗杀菌→焯水或熟处理→分类盛装→台面布置→荷叶底托成型→改刀成胚→加工成片→脱水与吸水处理→拼摆成形→装饰点缀→刷油保湿→出品

知识准备

《荷塘月色》是朱自清先生的著名散文，描绘了月光下的荷塘景色，包括荷塘里的荷叶、荷花、月光、月影及荷塘四周的杨柳及蝉、蛙等景物（图3-3-1），生动地再现了月夜荷塘的风景，突出意境与主题。

在冷拼作品"荷塘月色"中，料胚成型的目的就是更好地呈现作品主题。我们选用的两头尖、中间厚的长柳叶胚形，便于推捏出有一定弧度的花瓣造型。

图3-3-1　荷塘与荷花

任务实施

一、物料选用

我们选用白色原料来表现荷花的淡雅，用天然植物色素浸染来做出花瓣尖端的粉红色，具体材料有白萝卜、浅色心里美萝卜、蛋白糕、琼脂糕等。

微课13　荷塘月色制作

运用与荷叶同色的青色食材来制作荷叶，具体材料有青萝卜、青瓜、芥蓝茎等。其翠绿色的表皮符合荷叶的颜色。荷叶原料的体形要大，便于改刀成型，提高加工效率，也便于保证出品质量。青瓜适合用来制作体积相对较小的荷叶。

本节课程所需原料：白萝卜300克、小青瓜1根、青萝卜500克、心里美萝卜30克、胡萝卜50克、沙拉酱适量。

二、造型设计与成品要求

（1）根据作品构思选取合适的餐碟。

（2）结合美学知识在餐碟中安排相关元素的具体位置。

（3）控制各相关元素所占比例。

（4）根据料胚在作品中的具体运用来调整胚形的大小。

（5）各区域内容搭配要协调，不能产生违和感，成品效果图如图3-3-2所示。

（6）确保作品色彩搭配协调。

图3-3-2 荷塘月色作品效果图

三、制作过程

（1）原料准备（图3-3-3）。

（2）荷叶料胚（长柳叶形料胚）取料（图3-3-4）。

（3）荷叶料胚焯水熟处理（图3-3-5）。

（4）选用白萝卜靠近表皮位置部分制作花胚（图3-3-6）。

图3-3-3 原料准备

图3-3-4 荷叶料胚取料

图3-3-5 荷叶料胚焯水

图3-3-6 制作花胚

（5）荷叶料胚和花瓣料胚拉刀成片后用盐水腌制变软（图3-3-7）。

（6）花瓣推捏成形（图3-3-8）。

（7）在挤沙拉酱的位置固定第一瓣花瓣（图3-3-9）。

（8）花瓣逐层拼摆（由外向内成形）（图3-3-10）。

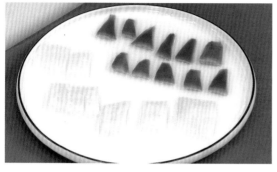

图3-3-7　腌制软化

图3-3-8　推捏花瓣

图3-3-9　固定第一瓣花瓣

图3-3-10　逐层拼摆花瓣

（9）将土豆泥捏成不规则的椭圆形，作为荷叶底托（图3-3-11）。

（10）荷叶料胚的拼摆成型（图3-3-12）。

（11）拼好的荷叶要进行收口衔接处理（图3-3-13）。

（12）雕刻装饰用的小荷花、小荷叶（图3-3-14）。

（13）摆放装饰用的小荷叶、小荷花、水纹并刷油锁水处理（图3-3-15）。

（14）荷塘月色成品（图3-3-16）。

图3-3-11　捏制荷叶底托

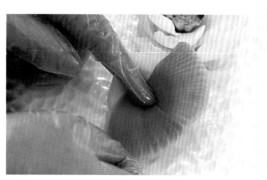

图3-3-12　拼摆荷叶料胚

图3-3-13　荷叶做收口衔接处理

图3-3-14　雕刻小荷花

图3-3-15　拼摆装饰物

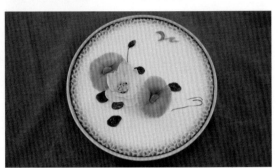

图3-3-16　荷塘月色成品

任务评价

根据操作情况完成表3-3-2的打分，操作过程要用照片和视频形式记录下来，作为评分的依据。

表3-3-2　荷塘月色制作过程评分表

成员			填表时间		
项目	评价内容	配分	学生自评	小组互评	教师评价
卫生 （10分）	个人仪表符合厨师职业要求，不留长指甲，不佩戴首饰，头发做到"三不盖"	5			
	操作区域干净整洁，无边角料掉落，操作过程配戴口罩和手套	5			
刀工 （30分）	荷叶料胚拉刀成厚1毫米的均匀片，动作自然放松，手法熟练，无连刀现象	10			
	荷花料胚切成厚1毫米的均匀片，原料做到物尽其用	10			
	小配件要与作品整体比例协调	10			
拼摆 （40分）	荷叶的拼摆体现出自然效果	10			
	花瓣成型时片的距离均匀	10			
	荷叶拼摆处理好接口，不能漏垫底料	10			
	花瓣定位错位自然，大小高低搭配协调	10			
造型 （20分）	成品比例自然，形象逼真，餐碟内确保无水渍	10			
	做到欣赏与食用相结合，体现作品艺术性	10			
最终得分		100			

任务小结

（1）合理构图，突出主题，体现意境。
（2）能运用常规料胚，通过变换拼摆手法来呈现出不同的效果。
（3）注重操作规范性训练，培养良好的卫生习惯和节约意识。
（4）用于制作荷叶的柳叶形料胚成形要饱满，表面不需要加工出齿纹。

任务四 牡丹花卉造型制作

任务情境

教师节即将来临，刘军非常感恩孜孜不倦传授技能的专业课老师，想在这个节日里送给老师一份具有专业特色的节日礼物。他想了很久，决定用老师教授的拼盘技能，将食材拼摆成美丽的花卉造型送给老师，感谢老师的谆谆教导，也是对自己专业技能的一次汇报。

本节课程我们将运用直刀与拉刀技法，结合挪料技巧拼摆出牡丹花和叶子造型。

任务工单

牡丹花卉制作的任务目标，任务重、难点，实施要求，用品用具，制作流程见表3-4-1所列。

表3-4-1 牡丹花卉制作任务工单

任务名称	牡丹花卉造型制作
任务目标	1. 培养拉刀的耐心 2. 运用推、捏手法完成立体花卉造型
任务重点	1. 掌握用盐脱水的程度和吸水后料胚的干爽度 2. 花瓣料胚切片厚度为0.1厘米
任务难点	1. 花瓣立体呈现的技巧和手法 2. 叶子的挪料成型
实施要求	1. 掌握拉刀的节奏，厚薄要均匀，形状为长水滴形 2. 拼摆花瓣时要高低错落有致，体现层次感，成内苞的自然形态 3. 叶子边缘要整齐，弧度自然，两侧长短要一致
用品用具	菜刀、剪刀、雕刻刀一套、白毛巾、纸巾、一次性手套、口罩、原料盆、成品碟、油刷、食用油
制作流程	原料清洗杀菌→焯水或熟处理→分类盛装→台面布置→花卉枝干的成型→改刀成胚→加工成片→脱水与吸水处理→拼摆成型→装饰点缀→出品

知识准备

牡丹雍容华贵，寓意吉祥和富贵，象征祖国繁荣昌盛。传统国画中最为常见的花是牡丹花。

牡丹花（图3-4-1）有"花中之王"的称号。牡丹花在枝顶单生，花瓣有单瓣和重瓣两种，颜色多种多样，有白色、粉色、紫色和红色等。叶子通常为复叶，在枝顶可能有小叶，形状为宽卵形，表面无毛，背面有白粉。

图3-4-1 牡丹花

任务实施

一、物料选用

微课14 花卉造型制作

牡丹花颜色多样，制作时要根据花的本色来选择食材，如紫红色的心里美萝卜，奶白色的琼脂糕、白萝卜、蛋白糕和蛋黄糕等。用于制作花叶的原料以绿色为主，如小青瓜、青萝卜、莴笋等。

本节课所需原料：莴笋50克、蛋黄糕20克、心里美萝卜500克、青皮冬瓜1块、胡萝卜50克、淮山土豆泥20克。

二、造型设计与成品要求

（1）根据作品特点调整水滴形料胚的大小与长短。

（2）作品以花叶为主要呈现内容，叶子用半柳叶胚，花瓣用水滴胚。

（3）最后在花叶的旁边做图案成形的延伸与点缀处理，成品效果如图3-4-2所示。

三、制作过程

图3-4-2 牡丹花卉作品效果图

（1）原料准备（图3-4-3）。

（2）水滴形牡丹花瓣料胚拉刀成厚0.1厘米的均匀片（图3-4-4）。

（3）土豆泥捏成叶子底托（图3-4-5）。

（4）半水滴形叶子料胚拉刀成厚0.1厘米的均匀片（图3-4-6）。

（5）将料胚推捏成花瓣形状（图3-4-7）。

（6）固定成第一层花瓣（图3-4-8）。

（7）第一层花瓣成形（图3-4-9）。

（8）第二层花瓣拼摆成型（与第一层错位）（图3-4-10）。

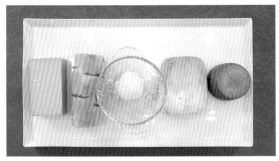

图3-4-3　原料展示

图3-4-4　拉刀成片

图3-4-5　捏出叶子底托

图3-4-6　叶子料胚拉刀成片

图3-4-7　推捏成花瓣

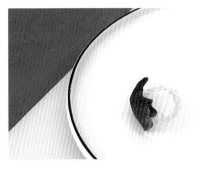

图3-4-8　固定第一层花瓣

图3-4-9　第一层花瓣成形

图3-4-10　第二层花瓣拼摆成形

（9）拼摆花心，花瓣数量逐层减少（图3-4-11）。

（10）用蛋黄糕拉刻成花蕊（图3-4-12）。

（11）叶子料胚的推捏拼摆（图3-4-13）。

（12）雕刻花枝和小的花叶，并拼摆（图3-4-14）。

图3-4-11　拼摆花心

图3-4-12　制作花蕊

图3-4-13　推捏叶子

图3-4-14　拼摆花枝和叶片

（13）装饰点缀后刷油保湿处理（图3-4-15）。

（14）牡丹花卉造型成品（图3-4-16）。

图3-4-15　点缀

图3-4-16　花卉造型成品

任务评价

根据操作情况完成表3-4-2的打分，操作过程要用照片和视频形式记录下来，作为评分的依据。

表3-4-2　牡丹花卉制作过程

成员			填表时间			
项目	评价内容		配分	学生自评	小组互评	教师评价
卫生 （10分）	台面干净，布置整齐，无杂物，无边角料掉落		5			
	原料洗净杀菌，焯水熟处理，过程配戴口罩和手套		5			

项目	评价内容	配分	学生自评	小组互评	教师评价
刀工 （30分）	改刀动作自然，手法熟练，无拉空刀现象	10			
	原料切片要均匀，厚度为0.1厘米	10			
	原料做到物尽其用，培养节约意识	10			
拼摆 （40分）	花瓣料胚厚薄均匀，形态自然	10			
	拼摆不漏垫底料	10			
	花与叶的结合自然	10			
	色彩搭配合理，体现清爽感	10			
造型 （20分）	成品比例自然，形象逼真	10			
	做到欣赏与食用相结合，体现作品艺术性	10			
最终得分		100			

任务小结

（1）花瓣的定位要表现出高低错落、交叉摆放的细节。

（2）花瓣成形，去除根部余料时，手法要反复练习方可掌握。

（3）培养拉刀成片的技术和耐心，为提高工作效率打好基础。

（4）水滴形料胚成形要确保表面光滑圆润，避免影响花卉造型成品质量。

（5）叶子的拼摆要根据实际需要进行垫底处理，料胚拼摆方向要指向叶尖。

任务5 丝绸之路制作

任务情境

通过基础冷拼的学习，刘军掌握了冷拼的拼摆方法和刀法。

艺术小盘在基础象形拼盘的基础上提高了艺术造型要求。本节课刘军需要结合丝绸之路的相关知识设计和制作一款体现"丝路文化"的冷拼作品。完成这个任务，需要刘军结合原料特点进行构图设计，运用立体造型的呈现形式进行拼摆。下面请大家与刘军一起来完成本节课程的任务。

任务工单

丝绸之路制作的任务目标、任务重、难点，实施要求，用品用具，制作流程见表3-5-1所列。

表3-5-1　丝绸之路制作工单

任务名称	丝绸之路制作
任务目标	通过冷拼"丝绸之路"的制作掌握沙漠地带的呈现手法
任务重点	1. 沙漠地带的山体与建筑物的特征 2. 运用弧形刀法对U形胚料进行改刀

（续表）

任务名称	丝绸之路制作
任务难点	1. 原料拼摆的层次、距离及高低大小的整体呈现效果 2. 拼摆时远近景的呈现
实施要求	1. 能真实地刻制沙漠地带的房子，改刀胚料下刀要准确，不能产生浪费 2. 能结合不同餐碟和造型进行合理的摆盘 3. 原料改刀要均匀，符合卫生要求
用品用具	菜刀、雕刻刀一套、白毛巾、纸巾、手套、口罩、原料盆、密漏、拼盘碟、毛刷、食用油、食用盐、黄姜粉
制作流程	原料清洗杀菌→焯水熟处理→台面布置→改刀成胚→拼摆成型→装饰点缀→刷油保湿→出品

知识准备

丝绸之路是古代亚欧互通的商贸大道，也是促进亚欧各国与中国往来、沟通东西方文化的友谊之路。丝绸之路是人类宝贵的历史文化遗产，具有深厚的精神内涵、丰富的文化影响和难以估量的社会价值，丝绸之路的商队场景如图3-5-1所示。

通过了解丝绸之路的历史、经贸背景和现状，我们可以了解建设丝绸之路经济带给沿线各国人民带来的机遇。作为新时代的学生，我们如何在"一带一路"倡议中实现自己的人生理想？

图3-5-1　丝绸之路上的商队场景

任务实施

一、物料选用

要根据丝绸之路的场景确定原料的品种和颜色。作品需要表现黄沙、沙漠植物和沙漠地带的建筑等，所以在选择原料时尽量以灰黄色食材为主，如酱白萝卜、青萝卜、酸莴笋、西兰花、鸡蛋干、方火腿、蒜香肠、卤牛肉等。

本节课所需原料：青萝卜30克、胡萝卜20克、紫薯10克、小青瓜50克、西兰花10克、心里美萝卜20克、方火腿60克、鸡蛋干150克、蒜香肠50克。

二、造型设计与成品要求

（1）根据作品内容确定房子的成型模式。

（2）按照沙漠场景安排作品各组成部分的呈现比例。

（3）注重各组成部分远近的呈现方式。

（4）沙子的颜色要形象逼真，可用食盐加黄姜粉混合上色，也可使用胡椒粉。

（5）沙漠植物的大小要符合作品设计的需要，成品效果如图3-5-2所示。

图3-5-2　丝绸之路作品效果图

三、制作过程

（1）将素食材焯水备用（图3-5-3）。

（2）立体假山料胚改刀成型（图3-5-4）。

（3）假山原料挪料成型，裁平底部（图3-5-5）。

（4）将食盐与黄姜粉调成黄沙（图3-5-6）。

微课15　丝绸之路制作

图3-5-3　原料焯水

图3-5-4　立体假山料胚改刀成形

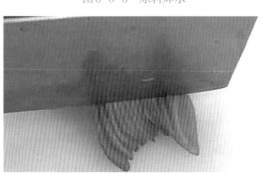

图3-5-5　裁平底部

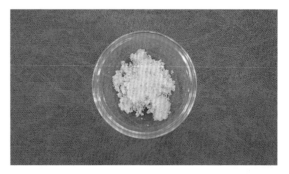

图3-5-6　调制黄沙

（5）将鸡蛋干雕刻成沙漠地带的房子（图3-5-7）。

（6）雕刻出装饰用的小路与骆驼（图3-5-8）。

（7）雕刻出装饰用的小假山（图3-5-9）。

（8）切平底部的半成品原料展示（图3-5-10）。

（9）将半成品料胚拼摆入碟（图3-5-11）。

（10）利用小密筛制作出沙漠的造型（图3-5-12）。

图3-5-7 雕刻房子

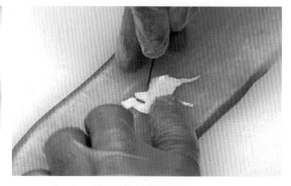
图3-5-8 雕刻骆驼

图3-5-9 雕刻小假山

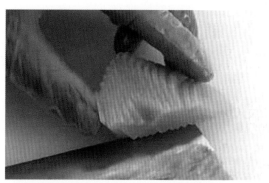
图3-5-10 半成品原料展示

图3-5-11 拼摆入碟

图3-5-12 制作沙漠

（11）在制成的沙漠上摆上小路和骆驼（图3-5-13）。

（12）作品刷油保鲜处理（图3-5-14）。

（13）丝绸之路成品（图3-5-15）

图3-5-13　拼摆骆驼

图3-5-14　刷油保鲜

图3-5-15　丝绸之路成品

任务评价

根据操作情况完成表3-5-2的打分，操作过程要用照片和视频形式记录下来，作为评分的依据。

表3-5-2　丝绸之路制作过程评分表

成员			填表时间		
项目	评价内容	配分	学生自评	小组互评	教师评价
卫生 (10分)	衣服整洁，无长指甲，不佩戴首饰，头发"三不盖"	5			
	工位区域确保干爽，无边角料掉落，砧板干净卫生，成品碟内无水渍和多余物料	5			
刀工 (30分)	改刀动作自然放松，无重复动作，手法熟练	5			
	原料改刀成片厚度为0.1厘米	10			
	改刀厚薄均匀，做到物尽其用，拼摆要整齐	10			
	刀具放置时不能超出砧板边	5			
拼摆 (40分)	假山的处理符合实际	10			
	沙漠的房子能体现地域特色	10			
	沙漠的处理自然逼真	10			
	装饰物的运用控制好比例	10			

（续表）

项目	评价内容	配分	学生自评	小组互评	教师评价
造型	作品比例协调、拼摆错落有致	10			
（20分）	做到欣赏与食用相结合，体现作品艺术性	10			
最终得分		100			

任务小结

（1）制作冷拼作品"丝绸之路"首先要确定要表达的内容，丝绸之路上除了有沙漠，还有其他景色可以呈现。

（2）丝绸之路上的繁荣景象也可以作为创作题材。

（3）要呈现的内容要有代表性，能让人容易理解作者的创作意图。

任务⑪ 湖光山色制作

任务情境

祖先的智慧是非凡的，他们建造出了许多流传千古的景观，如苏州园林、江南水乡乌镇等，让人流连忘返。作为新时代的烹饪工作者，对于本领域的发展需要贡献出自己的一份力量。我们可以借鉴古人的创作灵感，运用食材将美丽的山水呈现到顾客的餐桌上。

在本节课中，刘军的任务就是将山与水的自然元素通过结合、搭配制作成一个山水艺术冷盘。

任务工单

湖光山色制作的任务目标，任务重、难点，实施要求，用品用具，制作流程见表3-6-1所列。

表3-6-1　湖光山色制作任务工单

任务名称	湖光山色制作
任务目标	1．根据欣赏性与食用性的要求搭配原料 2．根据食材和湖光山色的特征选择合适的胚形呈现手法
任务重点	1．立体假山的色彩搭配 2．不同原料改刀大小的控制
任务难点	1．还原设计稿中作品各要素的比例 2．立体假山胚形改刀大小的控制，山与水之间的过渡效果
实施要求	1．立体假山的取胚原则是物尽其用，边角料要用于员工餐或基础拼盘的垫底 2．能根据湖光山色作品的特点灵活运用点缀物 3．基础原料胚形组装成型要能表现出自然山水的效果和比例
用品用具	菜刀、雕刻刀一套、白毛巾、纸巾、拼盘碟、原料盆、食用油、毛刷、一次性医用手套、口罩
制作流程	原料清洗杀菌→焯水或熟处理→拆包装→荤素分类盛装→原料改刀→分组定型→拼摆成型→装饰点缀→刷油保鲜处理→出品

知识准备

"湖光山色"的意境不难理解，即有山有水有植物，再配以小动物来提升作品的层次。我们在公园见到的湖景、园林，以及在野外见到的池塘、鱼塘、小山等景观都可以作为作品的取材方向，如图3-6-1所示。需注意的是，作品不要局限于一个画面，建议将多个画面进行组合搭配，这样才具有原创的生命力。

冷拼作品"湖光山色"能给人以轻松、舒畅的心情体验，有亲近大自然的感觉。"湖光山色"作品的核心元素就是山和水，而呈现山和水的形式是多种多样的。理解艺术拼盘的功能，搭配各个相关元素，即可完成一个自然美观的"湖光山色"拼盘。

图3-6-1　湖光山色

任务实施

一、物料选用

微课16　湖光山色制作

山水类型作品用料较自由，选择原料主要考虑实用性与可推广性。我们可以先用素食材练习，掌握制作方法后再荤素搭配进行制作。

选用小青瓜主要是考虑它的颜色符合山体的自然色彩；选用胡萝卜是为了给假山起跳色效果，即冷暖色结合使用，同时还考虑了营养搭配；选用深色的腊肠是为了压住山体的颜色，体现稳重感；选用方火腿的原因是方便取胚和搭配色彩，这样制作的冷拼作品上桌时能吸引顾客的注意力，同时也提升了荤料的使用比例。

本节课所需原料：胡萝卜50克、青萝卜50克、小青瓜60克、西兰花80克、腊肠70克、蛋白糕40克、蛋黄糕30克、方火腿120克、鸡蛋干50克。

二、造型设计与成品要求

（1）按"湖光山色"的主题设计布局各元素。

（2）合理选用餐碟大小。

（3）假山要有层次感，有远近之分。

（4）假山高度要控制在10厘米以内。

（5）山脚要大于山头，确保料胚站稳。

（6）山体可以采取相互依靠的形式呈现。

（7）桥梁的运用要起到丰富画面内容、提升菜品档次的作用。

（8）装饰点缀物要考虑到作品静与动的整体体现，作品效果如图3-6-2所示。

图3-6-2　湖光山色效果图

三、制作过程

（1）用直刀斜角将黄瓜切成10厘米长的椭圆片（图3-6-3）。

（2）胡萝卜取成U形料胚，片成0.2厘米均匀片（图3-6-4）。

（3）其他用于制作假山的材料改刀成椭圆形或者U形料胚，切成均匀的片（图3-6-5）。

（4）原料挪成基础假山形以后裁平底部（图3-6-6）。

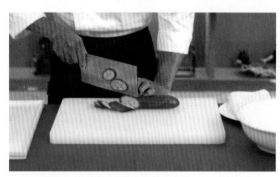

图3-6-3　黄瓜切片

图3-6-4　胡萝卜料胚切片

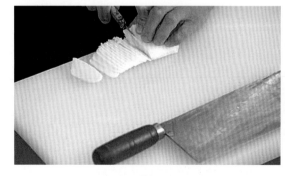

图3-6-5　其他材料改刀

图3-6-6　假山形裁平底部

（5）将方火腿刻成小桥（图3-6-7）。

（6）青瓜取成厚片用U形刀加工成小桥栏杆（图3-6-8）。

（7）青萝卜皮刻成装饰小荷叶（图3-6-9）。

（8）青萝卜片刻成假山的底胚（图3-6-10）。

（9）半成品配件展示（图3-6-11）。

（10）将零配件组合拼摆成整体假山群（图3-6-12）。

（11）根据设计要求摆入小桥（图3-6-13）。

（12）点缀制作好的树、水纹与荷叶（图3-6-14）。

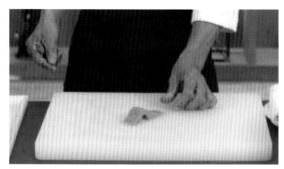

图3-6-7　雕刻小桥

图3-6-8　加工小桥栏杆

图3-6-9　雕刻小荷叶

图3-6-10　雕刻假山底胚

图3-6-11　半成品展示

图3-6-12　拼摆假山群

图3-6-13　摆入小桥

图3-6-14　点缀

（13）刷油保鲜处理（图3-6-15）。

（14）湖光山色成品（图3-6-16）。

图3-6-15　刷油保鲜　　　　　　　　　　图3-6-16　湖光山色成品

任务评价

根据操作情况完成表3-6-2的打分，操作过程要用照片和视频形式记录下来，作为评分的依据。

表3-6-2　湖光山色制作过程评分表

成员			填表时间		
项目	评价内容	配分	学生自评	小组互评	教师评价
仪容仪表 （10分）	厨师服整洁，系满扣，工帽整齐，不佩戴首饰	5			
	不穿短裤、拖鞋、凉鞋进操作室，不留长指甲	5			
操作卫生 （20分）	台面整洁无杂物，原料荤素、生熟分开盛装	5			
	工位、地面干爽，无边角料掉落	5			
	成品碟内无水渍和多余物料	5			
	操作结束能及时高效地分工合作进行卫生清理	5			
刀工 （35分）	动作自然大方，手法熟练，无重复动作	10			
	假山原料厚薄均匀，厚度为0.2厘米	7			
	基础假山挪料和定型均匀，底部裁平	8			
	用于表现小岛地面的青萝卜边缘自然	5			
	原料做到物尽其用，不浪费	5			
拼摆过程 （20分）	动作熟练，假山前后高低错落有致，层次分明	5			
	点缀不喧宾夺主，成品刷油保鲜处理	5			
	能体现小组成员分工合作，能按时完成制作任务	10			
造型 （15分）	成品比例自然，布局合理，主次分明，形象逼真	5			
	色彩运用合理，冷暖色搭配自然	5			
	做到欣赏与食用相结合，体现作品艺术性	5			
最终得分		100			

任务小结

（1）对于山水类艺术拼盘，假山是最大亮点，要多收集素材，在日常生活中发现好素材可以拍照存。

（2）制作假山一定要重视色彩的协调搭配，不然成品会有违和感。

（3）假山的风格不同，胚形的具体改刀方法也要有所变化，如"桂林山水"的假山要表现出峻峭、挺拔的特点。

（4）湖面内容的安排可以任意变化，大家要勇于尝试创新。

模块四　大型主题艺术拼盘

中国几千年的文化积淀，无数传说典故和精美图案为冷拼制作提供了丰富的素材。主题艺术拼盘就是将冷拼作品进行艺术化、主题化，以匹配宴席，具有艺术价值高、高端大气、制作烦琐等特点，要求制作者要有扎实的冷拼基本功，熟悉主题冷拼的呈现技法，注重色彩搭配，注重作品构图及美感的呈现。主题艺术拼盘集冷拼技能、文化、艺术于一体，是对厨师综合能力的挑战。高质量的主题艺术拼盘都具有特殊含义，无论是运用于展台展示，还是运用于高档宴席上，厨师都应先确定好主题，以代表美好祝愿或特定含义。例如，用喜鹊、鸳鸯表示喜事；用龙、凤、麒麟表示祥瑞；用松、柏、石、桃、龟、鹤表示长寿；用牡丹、马、鸡等表示富贵功名；用船、龙、鹿、财神、孔雀表示开业大吉等。总之，厨师通过飞禽走兽、花鸟鱼虫、器具物品、字符图案等来表达客人的愿望和追求，寄托客人的希望和向往等。

主题艺术拼盘的命名方法主要有象征命名法、谐音命名法、比喻加谐音命名法等。例如，用鸳鸯比喻夫妻对爱情的忠贞不渝；"连年有鱼"的谐音为"连年有余"；用花瓶和代表四季的牡丹、荷花、菊花、梅花组合，可称为"四季平安"等。

任务一　金龙献瑞制作

任务情境

刘军在见习工作岗位上，每天的见到的冷菜出品都很多，有什锦拼盘、花式小盘、基础象形拼盘等。通过实战练习，刘军的技能提升特别快，动作更娴熟了，下刀更准确了，基本上能在岗位上独当一面，受到了师傅们的一致好评。在各种表扬声中，刘军没有迷失方向，他一直坚信学无止境、学海无涯，就是这种学习态度指引着他继续前进。一天，顾客的公司举办开业庆典，需要帮忙制作一款符合开业庆典的主题艺术拼盘。刘军接到了任务，也感受到了一些压力，他鼓励着自己，这就是"检验"自己所学所练的最好机会。

今天我们跟刘军一起完成本次艺术拼盘的制作任务。

任务工单

金龙献瑞制作的任务目标，任务重、难点，实施要求，用品用具，制作流程见表4-1-1所列。

表4-1-1　金龙献瑞制作任务工单

任务名称	金龙献瑞制作
任务目标	1. 掌握金龙鱼的塑型方法 2. 运用拉刀和推切刀对食材进行改刀，按设计要求拼摆出作品
任务重点	1. 掌握金龙鱼与水草垫底成形的手法 2. 金龙献瑞作品的构图设计与大小比例的控制
任务难点	1. 金龙鱼与假山的拼摆成形 2. 控制作品各部位内容的大小比例
实施要求	1. 制作水草，要注重胚形大小和色彩的渐变处理 2. 假山改刀成椭圆形的料胚，拼制时注重色彩和层次的结合 3. 装饰的水草等物品一定要掌握好大小
用品用具	菜刀、雕刻刀一套、白毛巾、纸巾、一次性手套、口罩、原料盆、镊子、作品碟、油刷、食用油
制作流程	物料准备→清洗杀菌→焯水或熟处理→原料成胚→加工成片→拼摆成形→装饰点缀→刷油保鲜→出品

知识准备

龙鱼可分为金龙鱼和银龙鱼，是一种当今为数不多的古生鱼类之一。据说曾与恐龙同处于侏罗纪时代，原产于马来西亚、印度尼西亚、苏门答腊等地的河流和湖泊。龙鱼被发现在亚洲、非洲、欧洲的各大流域及美洲的亚马逊河流域。我们所饲养的金龙鱼属于亚洲龙鱼，主要出产于马来西亚、印度尼西亚、老挝、泰国等东南亚国家。金龙鱼三个字也寓意深刻："金"寓意财富，"龙"寓意"吉祥"，"鱼"寓意"富裕"。在办公室、公司或是家中饲养金龙鱼，代表着好运连连、家兴财旺。

1. 金龙鱼特点

金龙鱼的成鱼体长40~50厘米，寿命可达数十年。金龙鱼主要猎食活鱼虾、水生昆虫、青蛙等。因鱼身泛闪金属光泽，如盔甲般的鳞片和鲜艳的光色而备受瞩目，成为名贵的观赏鱼之一，有过背金龙、红龙、青龙等品种（图4-1-1）。

图4-1-1　不同颜色的金龙鱼

2. 银龙鱼特点

银龙鱼的成鱼体长在50~70厘米，最大可长至120厘米，是中大型淡水鱼类。银龙鱼体呈带状，鳞片外缘呈粉橘色并随成长而逐渐淡化，头部和鳃盖部具有大型板状骨骼，为蜂窝状，可用以呼吸外界空气。银龙鱼的背鳍与臀鳍较长，位于体后部，身体银白色。

任务实施

一、物料选用

用于制作金龙鱼鳞片的琼脂糕需要泡水软化，吸水膨胀至8～9成即可取出切碎，用托盘盛装隔水蒸化，再根据具体作品的实际需求调入白砂糖、植脂奶油及原料中提取的天然色素等材料，复蒸3～5分钟后取出自然放冷即可使用。琼脂糕的软硬度主要取决于加水量的多与少，可以根据具体作品要求而定。在作品的初学练习中，也可以选用与金龙鱼鱼鳞相近的胡萝卜进行制作，既节约了成本又达到了配色的要求。

制作水草的选料也以相近色为主，如小青瓜、莴笋、青萝卜等绿色或深绿色的食材。

用于垫底的原料主要选用便于塑形的泥状或丝状的食材（如土豆、芋头、紫薯、山药、肉丝）等材料，在初学练习中为了降低成本也可以用澄面或萝卜丝代替；教学中制作假山的原料可以用素食材代替进行练习，在掌握了制作方法后再结合荤料进行制作。

本节课所需原料：胡萝卜20克、蛋黄糕500克、蛋白糕30克、淮山土豆泥500克、琼脂糕100克、卤牛肉50克、鸡蛋干150克、方火腿80克、蒜味香肠50克、腊肠100克、白萝卜60克、青萝卜100克、小青瓜70克、西兰花60克。

二、造型设计与成品要求

（1）主题艺术拼盘体型较大，要控制好尺寸。

（2）鱼鳞胚的形状确定要兼顾拼摆操作和美观效果两个因素，鱼鳞胚如图4-1-2所示。

（3）鱼的成型角度要体现出鱼游动的灵性。

（4）水草的设计安排要起到串联整个作品的作用。

（5）假山的呈现要有层次感，体现出自然感的效果。

（6）装饰点缀不能喧宾夺主，成品效果如图4-1-3所示。

微课17　金龙献瑞制作

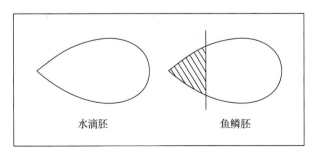

图4-1-2　鱼鳞胚

图4-1-3　金龙献瑞效果图

三、制作过程

（1）土豆片与山药蒸熟、调味，揉搓成土豆山药泥（图4-1-4）。

（2）在清水中加入吉利片、糖和红椒汁，自然冷却后制成琼脂糕（图4-1-5）。

（3）用土豆山药泥垫底，制作水草和金龙鱼的身体（图4-1-6）。

（4）将琼脂糕雕刻成金龙鱼的头，待用（图4-1-7）。

（5）琼脂糕改刀成水滴形料胚改刀制成鱼鳞胚，拉刀成片（图4-1-8）。

（6）青萝卜取宽0.6厘米、长3厘米的段，拉刀切成厚0.1厘米的均匀片（图4-1-9）。

图4-1-4　土豆山药泥

图4-1-5　琼脂糕

图4-1-6　制作水草和鱼身底胚

图4-1-7　雕刻鱼头

图4-1-8　鱼鳞胚拉刀成片

图4-1-9　青萝卜料胚拉刀成片

（7）制作假山的原料改刀成厚0.2厘米的椭圆形片（图4-1-10）。

（8）半成品料胚展示（图4-1-11）。

（9）用拍料手法将青萝卜片摆成水草的形状（图4-1-12）。

（10）拼摆金龙鱼的鱼鳍和鱼尾（图4-1-13）。

（11）用镊子将鱼鳞胚从鱼尾衔接处开始拼摆直至鱼头处，注意鳞片的层次要错位成型（图4-1-14）。

（12）将椭圆形料胚按照设计好的图形拼摆成假山的形状（图4-1-15）。

（13）装饰点缀，并检查整理碟面卫生（图4-1-16）。

（14）刷油保湿保鲜处理（图4-1-17）。

（15）金龙献瑞成品展示（图4-1-18）。

图4-1-10　假山原料改刀成片

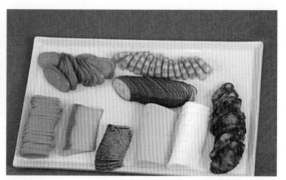

图4-1-11　半成品展示

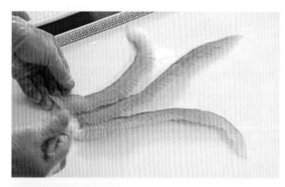

图4-1-12　拼摆水草

图4-1-13　拼摆鱼鳍和鱼尾

图4-1-14　拼摆鱼鳞

图4-1-15　拼摆假山

图4-1-16　装饰点缀

图4-1-17　刷油保鲜

图4-1-18　金龙献瑞成品

任务评价

　　根据操作情况完成表4-1-2的打分，操作过程要用照片和视频形式记录下来，作为评分的依据。

表4-1-2　金龙献瑞制作过程

成员			填表时间		
项目	评价内容	配分	学生自评	小组互评	教师评价
仪容仪表 （10分）	厨师服整洁，系满扣，工帽戴整齐，不佩戴首饰	5			
	不穿短裤、拖鞋、凉鞋进操作室，不留长指甲	5			
操作卫生 （10分）	台面整洁无杂物，原料生熟分开，个人工位、地面干爽，无边角料掉落，碟内无水渍	5			
	操作完成后能分工合作并高效地进行卫生清理	5			
刀工 （30分）	滴水形的鱼鳞片均匀，厚度为0.5毫米	10			
	假山原料改刀以椭圆形片为主，厚度为2毫米	5			
	基础假山的挪料均匀，定型自然	5			
	制作水草的青萝卜厚度为1毫米均匀片	5			
	原料改刀做到物尽其用	5			

（续表）

项目	评价内容	配分	学生自评	小组互评	教师评价
拼摆过程（35分）	鱼身自然生动，各部位衔接协调自然	10			
	假山的前后、高低错落有致，层次分明，点缀不喧宾夺主，成品刷油保鲜处理	10			
	能体现小组成员分工合作	10			
	能按时完成制作任务	5			
造型（15分）	成品比例自然，布局合理，主次分明，形象逼真	5			
	色彩运用合理，冷暖色搭配自然	5			
	做到欣赏与食用相结合，体现作品艺术性	5			
最终得分		100			

任务小结

（1）制作生动逼真的金龙鱼作品，首先要对龙鱼的结构有细致全面的理解。

（2）掌握水草灵动的走向规律，有助于作品生动效果的呈现。

（3）土豆片与山药要隔水进行蒸熟，取出后要风干水分再调味处理，拼摆时还可在料胚表面涂抹卡夫奇妙酱来增加原料的黏性。

（4）食用部位的假山材料叠压时一定要呈现出自然的效果，要注意原料色彩的搭配效果。

任务二　大展宏图制作

任务情境

在见习期间，刘军同学因冷拼技艺能力突出，被冷菜部主管委以重任。一天，客人要订制一款主题艺术拼盘用于公司的开业庆典，要求作品取名要富有寓意，契合宴会的主题思想。经过和主管师傅讨论后，刘军同学决定以"大展宏图"作为艺术拼盘的主题。"大展宏图"寓意美好前程、宏伟远大的谋略与计划，通常用来形容成功，非常适合公司的开业庆典活动。

今天，我们就以老鹰展翅飞翔的造型来设计制作作品"大展宏图"。我们要合理选择原料和刀法来进行加工制作，确保突出作品特征和控制整体比例，翅膀、爪子、尾羽跟身体的衔接要自然协调，拼摆时胚料间隔距离要自然均匀。

任务工单

大展宏图制作的任务目标，任务重、难点，实施要求，用品用具，制作流程见表4-2-1所列。

表4-2-1 大展宏图制作任务工单

任务名称	大展宏图制作
任务目标	1. 能结合碟子形状并根据老鹰特征进行构图设计 2. 能结合作品需求实际运用直刀和拉刀法加工原料，并掌握好料胚的大小和厚薄
任务重点	1. 根据作品的大小比例进行原料改刀 2. 合理搭配色彩，拼摆作品体现作品特征
任务难点	1. 老鹰威武霸气的特征呈现 2. 熟练掌握拼摆时胚料的处理手法，叠压要整齐，衔接要自然
实施要求	1. 掌握好原料熟处理，否则影响料胚质量，导致加大拼摆难度 2. 能根据构图选用尺寸合适的餐盘 3. 拼摆老鹰时，应接从翅膀到身体、从爪子到身体、从鹰尾拼到鹰头的顺序进行 4. 假山的造型选择要契合老鹰的威武霸气，建议用峻峭、挺拔的山形呈现
用品用具	菜刀、雕刻刀一套、白毛巾、纸巾、一次性手套、口罩、原料盆、食品袋、食用油、油刷、作品碟
制作流程	原料清洗杀菌→焯水熟处理→台面布置→原料改刀→加工成片→垫底→拼摆成形→装饰点缀→刷油保鲜→出品

知识准备

鹰寓意顽强不屈、不断拼搏的精神，同时象征着勇猛、力量和自由。在鹰的身上，我们可以看到不屈不挠的拼劲及锲而不舍的坚韧毅力，当遇到崎岖坎坷时，它们不会轻易放弃，而是敢于拼搏，始终保持饱满旺盛的干劲。

老鹰姿态威武，眼睛炯炯有神，有着锋利强劲的爪子，是一种非常凶猛的食肉动物，被称为"天空之王"。它们喜欢在天空翱翔，用极其敏锐的眼睛寻找猎物。

在制作老鹰时，要抓住鹰的特点（如翅膀大而有力、嘴成弯钩形、眼睛有神、鹰爪尖而有力）（图4-2-1）。这些特征是老鹰必备的元素，这样才能体现出老鹰威武霸气的特点。

图4-2-1 鹰

任务实施

一、物料选用

老鹰的头和爪可以选用芋头来进行制作，爪和嘴刻好后可以入油锅炸制成浅黄色，形象逼真。羽毛可以选用灰褐色或深色的原料进行制作，如卤猪舌、卤猪肝、卤牛肉、紫薯等材料，这样贴近真实的效果。

本节课所需原料：猪舌70克、琼脂30克、心里美萝卜40克、青萝卜30克、白萝卜70克、胡萝卜100克、西兰花60克、小青瓜70克、鸡蛋干30克、虾70克、蒜香肠40克、方火腿80克、腊肠30克、冬瓜皮10克。

二、造型设计与成品要求

（1）根据作品的特点选用平底的大长方碟或大圆碟。

（2）结合碟子的尺寸大小来确定老鹰的大小，从而确定料胚的大小和长短尺寸。

（3）用长方形器皿制作老鹰时，可以考虑横竖两种形式。

（4）要预留好假山所占有的比例和位置。

（5）假山的造型要贴合老鹰生活的习惯。

（6）成品效果如图4-2-2所示。

图4-2-2　大展宏图作品效果图

三、制作过程

（1）素食材焯水（图4-2-3）。

（2）雕刻鹰头（图4-2-4）、鹰爪。

（3）采用柳叶形加工老鹰的翅膀料胚（图4-2-5）。

（4）假山料胚改刀成椭圆形均匀片（图4-2-6）。

（5）假山拼摆成型（图4-2-7）。

（6）老鹰身体的垫底成型（图4-2-8）。

微课18　大展宏图制作

（7）飞羽部分的拼摆定型（图4-2-9）。

（8）拼摆翅膀的最后一层时，片的方向要朝向翅尖（图4-2-10）。

（9）老鹰尾巴拼摆成打开的扇形效果（图4-2-11）。

图4-2-3　素食材焯水

图4-2-4　雕刻鹰头

（10）拼摆鹰身上的羽毛时，要叠压衔接好尾羽和腿羽（图4-2-12）。

（11）拼摆老鹰脖子上的羽毛（图4-2-13）。

（12）鹰头和鹰爪的组装要自然衔接（图4-2-14）。

（13）装饰点缀（图4-2-15）。

（14）刷油保鲜处理（图4-2-16）。

（15）大展宏图成品展示（图4-2-17）。

图4-2-5 加工翅膀料胚

图4-2-6 假山料胚改刀

图4-2-7 假山拼摆成型

图4-2-8 鹰身的垫底成型

图4-2-9 拼摆飞羽

图4-2-10 翅膀最后一层，方向要朝向翅尖

图4-2-11 鹰尾为扇形

图4-2-12 衔接好尾羽和腿羽

图4-2-13　拼摆鹰脖上的羽毛

图4-2-14　拼摆鹰头和鹰爪

图4-2-15　装饰点缀

图4-2-16　刷油保鲜

图4-2-17　大展宏图成品

任务评价

根据操作情况完成表4-2-2的打分，操作过程要用照片和视频形式记录下来，作为评分的依据。

表4-2-2　大展宏图制作过程评分表

成员			填表时间		
项目	评价内容	配分	学生自评	小组互评	教师评价
卫生 （10分）	注意个人卫生，无长指甲；案板干净、生熟分开	5			
	物料选择无变质发霉，新鲜干净卫生	5			

（续表）

项目	评价内容	配分	学生自评	小组互评	教师评价
刀工（40分）	动作放松，手法熟练，假山料胚厚度为2毫米	10			
	根据垫底大小改刀胚料，不浪费	10			
	翅膀料胚厚度为1毫米、身体羽毛厚度为0.5毫米	10			
	鹰头和鹰爪的大小比例协调	10			
拼摆（30分）	翅膀羽毛的方向一致、层次分明	10			
	身体羽毛整齐，层次叠压自然	10			
	拼摆假山无漏垫底料现象	10			
造型（20分）	成品比例自然生动，形象逼真，碟子干净卫生	10			
	做到欣赏与食用相结合，体现作品艺术性	10			
最终得分		100			

任务小结

（1）了解作品的大小，选择合适的碟子进行构图。

（2）根据老鹰垫底的大小雕刻出鹰头、鹰爪，确保比例略大于垫底形状即可，且衔接要自然。

（3）拼摆老鹰时应按从翅膀到身体、从爪子到身体、从鹰尾拼到鹰头的顺序进行。

（4）假山料胚的改刀大小要切合作品实际，使呈现的假山比例符合设计要求，否则会导致作品比例失调。

（5）老鹰的表现形式一般分为平面型、半立体型、立体型三种。

（6）垫底是为了保证拼制出的作品形态饱满而有立体感。常见的垫底用料有土豆泥、芋泥、山药泥、鸡丝等。

任务三 萤窗小语制作

任务情境

宴会部迎来了两位客人预定婚宴菜肴，厨房接单后分配到各岗位，在冷菜部实习的刘军接到的任务单是针对婚宴主题制作一款象征美满、和谐、幸福的主题艺术拼盘。跟师傅商讨后，刘军决定以窗前枝头上小语的两只小鸟为主题展开制作，取名为"萤窗小语"寓意一对恩爱的情侣在窃窃私语，这非常符合客人的现实情况。

今天我们要运用9种以上食材拼摆出寓意鲜明的"萤窗小语"主题艺术拼盘，要求荤素食材搭配合理，成品形象逼真，富有艺术美感。

任务工单

萤窗小语制作的任务目标，任务重、难点，实施要求，用品用具，制作流程见表4-3-1所列。

表4-3-1 萤窗小语制作任务工单

任务名称	萤窗小语制作
任务目标	1. 掌握立体小鸟的造型与拼摆 2. 掌握大型艺术拼盘的构图技巧
任务重点	1. 小鸟身形的动态效果体现 2. 喇叭花的成型与叶子定型方法
任务难点	1. 小鸟羽毛的改刀处理及拼摆成形 2. 作品制作时整体比例的把控与呈现
实施要求	1. 按照厨师职业标准整理仪表仪态 2. 按需加工原料，不产生浪费 3. 做好长时间操作的心理准备，调整心态，锻炼做事的耐久能力 4. 能细心、耐心地对重难点进行拼摆
用品用具	菜刀、雕刻刀一套、白毛巾、纸巾、一次性手套、口罩、原料盆、食品袋、镊子、食用油、油刷
制作流程	选料→焯水或熟处理→鸟头鸟爪雕刻成形→雕刻窗棂→料胚成形→加工成片→拼摆成形→装饰点缀→刷油保湿→出品

知识准备

琼脂，学名琼胶，又名洋菜、海东菜、冻粉、石花胶、燕菜精、洋粉、寒天、大菜丝。琼脂常用海产的麒麟菜、石花菜、江蓠等制成，为无色、无固定形状的固体，溶于热水。在食品工业中应用广泛，亦常用作细菌培养基。

琼脂是从海藻中提取的多糖体，是世界上用途最广泛的海藻胶之一。琼脂在食品工业、医药工业、日用化工、生物工程等许多方面有着广泛的应用，将其用于食品中能明显改变食品的品质，提高食品的档次。琼脂的特点是具有凝固性、稳定性等物理性质，能与一些物质形成络合物，可用作增稠剂、凝固剂、悬浮剂、乳化剂、保鲜剂和稳定剂。

琼脂需加热至95℃时才开始溶化，溶化后的溶液温度需降到40℃时才开始凝固，它是配制固体培养基的最好凝固剂。琼脂原料及其制品如图4-3-1所示。

  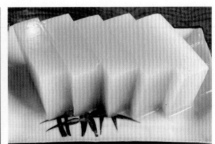

图4-3-1 琼脂原料及制品

任务实施

一、物料选用

袋装琼脂可先用冷水泡软至能轻松捏断，用托盘盛装隔水蒸化，再根据作品的需要进行针对性的调味和调色处理，调好后再蒸制3~5分钟取出自然放冷变硬。此作品中的花卉造型选用自制双色琼脂，凸显作品淡雅恬静的效果。

本节课程所需原料：方火腿100克、蒜香肠200克、卤牛肉100克、鸡蛋干50克、蛋黄糕50克、圆火腿150克、鲜虾150克、双色琼脂200克、琼脂100克、胡萝卜150克、心里美萝卜100克、青萝卜300克、小青瓜100克、西兰花50克、蒜薹50克、白萝卜300克、淮山土豆泥150克。

二、造型设计与成品要求

（1）主题艺术拼盘成型大气，要合理选用餐盘。

（2）结合美学知识在盘中安排具体内容，不能产生违和感。

（3）各部位内容的所占比例要科学合理。

（4）要体现出作品的主次。

（5）荤素料合理选用，确保色彩搭配协调。

（6）点缀物的运用尽量起到画龙点睛的效果，成品效果如图4-3-2所示。

微课19　萤窗小语制作

三、制作过程

（1）素食材的熟处理（图4-3-3）。

（2）制作窗棂、叶子底托和花托（图4-3-4）。

（3）小鸟底胚的成型（图4-3-5）。

（4）鸟头和爪子的雕刻（图4-3-6）。

（5）圆弧刀法修整叶子胚面并拉刀成片（图4-3-7）。

（6）水滴形双色琼脂花胚拉刀成厚0.5毫米的均匀片（图4-3-8）。

（7）半柳叶形（羽毛）料胚拉刀成厚0.5毫米的均匀片（图4-3-9）。

（8）假山原料改刀成厚0.2厘米的椭圆形片（图4-3-10）。

（9）半成品组件展示（图4-3-11）。

（10）叶子的拼摆成型（图4-3-12）。

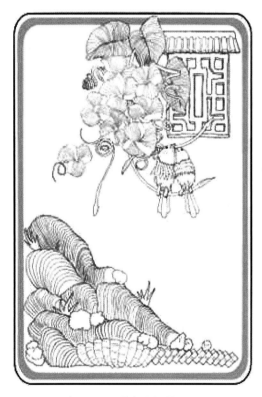

图4-3-2　萤窗小语效果图

（11）花卉的成型（图4-3-13）。

（12）小鸟的拼摆按照从下到上的顺序进行（图4-3-14）。

（13）假山叠压成型，并做收口处理（图4-3-15）。

（14）装饰点缀后进行刷油保鲜处理（图4-3-16）。

（15）"萤窗小语"成品展示（图4-3-17）。

图4-3-3　素食材的熟处理

图4-3-4　制作窗棂

图4-3-5　小鸟底胚成型

图4-3-6　雕刻鸟头

图4-3-7　叶子料胚拉刀成品

图4-3-8　双色琼脂花胚拉刀成片

图4-3-9　羽毛料胚拉刀成片

图4-3-10　假山原料改刀成片

图4-3-11 半成品展示

图4-3-12 拼摆叶子

图4-3-13 花卉成型

图4-3-14 拼摆小鸟

图4-3-15 拼摆假山

图4-3-16 刷油保鲜

图4-3-17 萤窗小语成品

任务评价

根据操作情况完成表4-3-2的打分，操作过程要用照片和视频形式记录下来，作为评分的依据。

表4-3-2　萤窗小语制作过程评分表

成员			填表时间		
项目	评价内容	配分	学生自评	小组互评	教师评价
卫生 （10分）	个人仪表符合厨师职业要求，不留长指甲、不佩戴首饰、头发做到"三不盖"	5			
	操作区域干净整洁、无边角料掉落，操作过程戴好口罩和手套	5			
刀工 （35分）	（叶子、花卉、小鸟）料胚拉刀成厚度为0.5毫米的均匀片	10			
	假山料胚切成厚度为0.2厘米的均匀片	10			
	原料要物尽其用，改刀动作自然放松，手法熟练	10			
	雕刻小配件的大小能与作品相匹配	5			
拼摆 （35分）	叶子的拼摆成型自然，花胚的挪形均匀	10			
	小鸟的羽毛叠压好，不能漏垫底料	10			
	假山的层次错位自然、色彩搭配协调	10			
	点缀物选择合理，大小比例合适	5			
造型 （20分）	成品比例自然，形象逼真，碟内确保无水渍	10			
	做到欣赏与食用相结合，体现作品艺术性	10			
最终得分		100			

任务小结

（1）美好和谐的寓意要能在作品画面中体现出来。

（2）拼摆时运用的刀法、手法要准确，注意小鸟垫底形状的饱满感和体态的处理。

（3）花卉胚形为水滴形，但不能太尖，否则容易断。

（4）叶子原料挪匀后再进行盖面处理，垫底料选用泥蓉状食材，便于塑性，降低拼摆难度。

（5）柳叶形羽毛料胚长约3厘米，厚0.5毫米为宜，料胚过短会增加拼摆难度。

任务四　锦上添花制作

任务情境

艺术似锦，生命如歌。在这个收获与感恩的季节，我们即将迎来自己的毕业典礼。届时，学校将举行一场毕业作品展示，也是同学们两年来学习成果的综合汇报，从而展示自己的技术才华，为理想而努力奋斗。刘军同学计划以锦鸡为主体内容制作一款艺术拼盘，以此预祝自己事业有成、前程似锦。

任务工单

锦上添花制作的任务目标，任务重、难点，实施要求，用品用具，制作流程见表4-4-1所列。

表4-4-1　锦上添花制作任务工单

任务名称	锦上添花制作
任务目标	掌握禽鸟的制作方法与配色技术
任务重点	1. 制作造型协调、形象生动的锦鸡 2. 紫藤花与花叶成型制作
任务难点	1. 锦鸡头部与脚的技术呈现 2. 作品制作时比例要协调
实施要求	1. 操作过程中注重台面和个人的整洁 2. 熟悉锦鸡、紫藤花、假山的结构要求 3. 能结合不同刀法对材料进行改刀处理 4. 注重拼摆手法的规范运用和构图美感的呈现
用品用具	菜刀、雕刻刀一套、白毛巾、纸巾、一次性手套、口罩、原料盆、成品碟、食用油、油刷
制作流程	原料清洗杀菌→焯水或熟处理→台面布置→构图选择→原料改刀→拼摆成型→装饰点缀→刷油保鲜→出品

知识准备

红腹锦鸡（图4-4-1）又名金鸡、山鸡、彩鸡等，为我国特有，主要分布在我国甘肃和陕西南部的秦岭地区。雄锦鸡羽毛华丽，头部有金黄色丝状羽冠，后颈披有橙色而缀有黑边的扇状羽，形成披肩状；下半身呈深红色，尾羽比较长，中央一对尾羽呈黑褐色，满缀以

图4-4-1　红腹锦鸡

金黄色斑点；外侧尾羽为黄色而具黑褐色波状斜纹；最外侧3对尾羽呈栗褐色，具有黑褐色斜纹；脚为黄色，身体羽毛颜色相互衬托，赤橙黄绿青蓝紫俱全，光彩夺目，是驰名中外的观赏鸟类。

人们认为红腹锦鸡是传说中的"凤凰"，自古以来深受人们喜爱，因此红腹锦鸡也被祝为吉祥、好运、喜庆、福气、美丽、高贵的象征。

微课20　锦上添花制作

任务实施

一、物料选用

主题艺术拼盘精致、规格高，欣赏与实用性兼备，往往需要更多的元素进行搭配。艺术欣赏部分一般选用易造型的素食材为主，讲究原材料的色彩搭配；食用部分体现在假山的选料与制作上，以荤料为主，搭配颜色艳丽的素食料。荤素搭配的同时，还要注重色彩的明亮对比。

本节课所需原料：黄瓜150克、鸡蛋干100克、胡萝卜150克、青萝卜100克、心里美萝卜300克、紫薯70克、白萝卜150克、冬瓜皮100克、西兰花50克、香肠100克、方火腿150克、卤牛肉100克、虾200克。

二、造型设计与成品要求

（1）根据主题艺术拼盘作品选择匹配的餐盘。

（2）结合主题搭配合适的装饰小配件。

（3）将各种元素合理地安排到作品中。

（4）设计好假山造型。

（5）设计好锦鸡造型，锦鸡尾巴的胚形，如图4-4-2所示。

（6）设计出紫藤花与叶子、藤蔓造型，作品效果如图4-4-3所示。

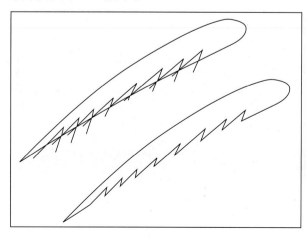

图4-4-2　锦鸡尾巴的胚形

图4-4-3　"锦上添花"效果图

三、制作过程

（1）原料准备（图4-4-4）。

（2）假山料胚都切成厚度为0.2厘米的均匀片（图4-4-5）。

（3）将材料摆出基础假山的形状待用（图4-4-6）。

（4）将基础假山料胚从上往下叠压成假山（图4-4-7）。

（5）将虾去壳，底部切平，整齐拼摆（图4-4-8）。

（6）将萝卜卷、西兰花、冬瓜皮雕刻的小草来点缀假山（图4-4-9）。

（7）用鸡蛋干厚片雕刻出窗户造型（图4-4-10）。

（8）用淮山土豆泥捏塑出叶子底胚（图4-4-11）。

（9）用水滴形青萝卜片拼摆成叶子（图4-4-12）。

图4-4-4　原料准备

图4-4-5　假山料胚改刀成片

图4-4-6　摆出基础假山形状

图4-4-7　拼摆假山

图4-4-8　拼摆虾仁

图4-4-9　点缀假山

图4-4-10　雕刻出窗户造型　　　　图4-4-11　拼摆叶子底胚　　　　图4-4-12　拼摆叶子

（10）将水滴形花胚推挪成紫藤花造型（图4-4-13）。

图4-4-13　推挪出紫藤花造型

（11）用淮山土豆泥捏塑出锦鸡身形（图4-4-14）。

（12）根据垫底大小雕刻出合适的锦鸡头（图4-4-15）、脚。

（13）利用黄瓜雕刻出锦鸡尾巴（图4-4-16）。

（14）用水滴形胚制作出锦鸡翅膀（图4-4-17）。

图4-4-14　捏塑锦鸡身形　　　　　　　　图4-4-15　雕刻锦鸡的头

图4-4-16　雕刻锦鸡尾巴　　　　　　　　图4-4-17　制作锦鸡翅膀

（15）用细柳叶胚制作翅膀羽毛与脖子羽毛（图4-4-18）。

（16）摆入冬瓜皮雕刻的作品名字，并刷油保湿处理（图4-4-19）。

（17）锦上添花成品（图4-4-20）。

图4-4-18　制作羽毛

图4-4-19　摆上名称

图4-4-20　锦上添花成品

任务评价

根据操作情况完成表4-4-2的打分，操作过程要用照片和视频形式记录下来，作为评分的依据。

表4-4-2　锦上添花制作过程

成员		填表时间			
项目	评价内容	配分	学生自评	小组互评	教师评价
卫生 （10分）	衣服整洁，无长指甲，不佩戴首饰，无浪费现象，操作过程戴好口罩和手套	5			
	工位区域确保干爽、无边角料掉落，砧板干净卫生，成品碟内无水渍和多余物料	5			
刀工 （40分）	改刀自然放松准确，料胚表面没有多余刀痕	10			
	改刀厚薄均匀，做到物尽其用	10			
	原料改刀做到物尽其用	10			
	原料改刀成片后与所学样品相似	10			

（续表）

项目	评价内容	配分	学生自评	小组互评	教师评价
拼摆 （30分）	料胚整齐划一，衔接合理	10			
	动作熟练，假山前后高低，错落有致，层次分明	10			
	点缀适当，不喧宾夺主，成品刷油保水处理	10			
造型 （20分）	成品比例自然，形象逼真，无漏底现象	10			
	做到欣赏与食用相结合，体现作品艺术性	10			
最终得分		100			

任务小结

（1）确保作品各个部位的内容都能适合用冷拼技法来呈现。

（2）大型作品的美感离不开协调的比例关系，要计划好假山、紫藤花跟锦鸡的大小比例。

（3）锦鸡的头部和脚的雕刻是难点，需多加练习。

（4）在制作过程中需要符合卫生要求，用料上尽可能接近象形造型，荤素搭配得当。

（5）改刀动作要娴熟、规范、下刀精准、无多余动作，尽可能做到物尽其用。

（6）荤料与素料加工的刀法选用不同，要具备穿插运用不同刀法的能力。

（7）拼摆过程注重料胚之间的衔接，不能露底料。

（8）配饰以简约为主，不提倡选择复杂费时间的内容，容易导致出现点缀过量而喧宾夺主。

附件1

巩固训练

一、填空题

1. 基础拼盘包括_____、_____、_____、_____。

2. 砧板可分为木砧板、_____、_____、_____。

3. 按照材质不同，磨刀石可分为：_____、_____。

二、判断题

1. 水滴形料胚要求形态逼真，不适合做延伸变形处理。（　　）

2. 在冷拼料胚中，柳叶片要比半柳叶片实用。（　　）

3. 梯形料胚最适合制作象形拼盘，不适合用于制作基础拼盘。（　　）

4. 冷拼制作过程中要注重原料的颜色搭配、口感搭配，造型可自由安排。（　　）

5. 梯形料胚是冷拼制作中常用的胚形，一般适合直刀法或拉刀法进行改刀处理。（　　）

6. 在冷拼制作中，为了符合中式厨房上菜效率高的特点，常用植物性原料制作，可不考虑动物性原料。（　　）

7. 六种食材的什锦拼盘，每等分的中心角为50°。（　　）

8. 制作桥体底胚时，因为有面胚的遮挡，所以一般只需把造型制作出来即可，不需要进一步加工。（　　）

9. 在制作拱桥时为了讲究效率，通常用素料制作，而且荤料改刀麻烦，少用荤料制作拱桥。（　　）

10. 古代灯笼主要以照明为主，并没有其他功能。（　　）

11. 在制作灯笼面胚时，一般选择色彩艳丽的食材，制作的灯笼要符合喜庆的主题要求；刀工处理上，料胚能覆盖底料即可，无须太多细节处理。（　　）

12. 竹笋除了可以用绿色食材拼摆，还可以用其他色彩的食材进行混合拼摆。（　　）

13. 冬笋为翠绿色，春笋为暗绿色。（　　）

14. 色彩是造型艺术的重要表现手段之一。（　　）

15. 艺术小盘的食用部分主要集中在假山，并注重荤素搭配。为了提高效率，可以根据原料的性质特点改刀，随后拼摆成型。（　　）

16. 对于花式冷盘，出于成本控制，素菜的品种要比荤菜的品种多。（　　）

17. 拼摆老鹰时，羽毛的胚料大小不用根据垫底的形状去做改刀处理。（　　）

18. 拼摆假山时，料胚的改刀形状要尽量一致，拼摆时要错位摆整齐。（　　）

19. 在拼摆老鹰时，要抓住老鹰的形态和特征去构图。（　　）

20. 焯水后的蒜薹，用拉线刀拉刻出的细丝会自然弯曲。（　　）

21. 小鸟羽毛的拼摆采用的是长水滴形料胚。（　　）

22. 琼脂制品具有观赏性，但不可食用。（　　）

23. 主题艺术拼盘是技术难度比较大的冷拼作品，除了需要扎实的基本功，还需作者有较高的艺术修养，合理搭配才能呈现美感。（　　）

24. 制作艺术拼盘时因为技术难度大，过程繁杂，可以尽可能地选用素食材制作。（　　）

25. 象征命名法是冷拼作品命名应用最多的一种方法。在我国民俗当中，常将某种动物赋予某种吉祥含义，如龙凤比喻夫妻恩爱、牡丹象征富贵。（　　）

三、简答题

1. 制作出一份合格的拼盘需要具备哪些条件？

2. 铁质刀具应如何保养？

3. 刀具的领用与归还流程是什么？

4. 操作室的卫生清理包含哪些方面？

5. 水滴形料胚可运用于何种作品的制作？成型大小有什么要求？

6. 柳叶形料胚制作的技术难点有哪些？应该如何注意？

7. 简述双拼的定义。

8. 双色拼盘运用了哪种拼摆手法？有什么特点？

9. 长梯形料胚可运用于哪些作品的制作？成型有什么要求？

10. 简述拱桥造型的制作步骤。

11. 根据你的所见所闻，说说长方形料胚还能运用在何种作品中？

12. 简述吉祥灯笼冷拼的制作步骤，以及制作过程中需要注意的细节。

13. 拼摆牡丹花时，水滴形料胚为什么要做脱水和吸水处理？成型时有什么要求？

14. 举例说明长水滴形料胚还可运用于何种作品的制作？

15. 竹笋垫底料除了烫熟澄面团还可用什么食材？应该注意什么？

16. 常见的构图方法有哪些？

17. 冷拼作品能不能直接利用绘画的构图方法？冷拼作品构图需要注意什么问题？

18. 请写出黄色、红色、绿色、白色冷拼食材的种类（每种颜色至少三种）。

19. 老鹰垫底的素食材有哪些？肉食材有哪些？

20. 拼摆老鹰时的顺序是什么？

21. 详细介绍主题艺术冷盘的设计过程。

22. 主题艺术冷盘的垫底料可以选用哪些原料？对主题艺术冷盘的造型有何影响？

四、实践操作题

1. 利用学到的知识和技能，磨砺家里的刀具，整理厨房用具与用品。作业以图片加短视频的形式提交到学习平台。

2. 冷拼料胚的造型多样，课程中介绍的是比较常用的胚形，我们可根据作品创意进行胚形的延伸改刀练习。同学们通过举一反三制作一款基础象形拼盘，拍照上传到学习平台评分。

3. 课后运用新的成菜方式制作一款三色拼盘作品，拍照提交到学习平台进行评分。

4. 什锦拼盘的造型是在单拼、双拼、三拼等基础上加大难度延伸而成的，在呈现形式上变化多样，可做成八卦形、花朵形及圆球形等。请合理运用色彩搭配知识与所学技术，制作一款什锦大拼盘，拍图上传学习平台。

5. 象形拼盘的制作是要表现出事物的象形，体现艺术美的效果。通过扇形拼盘的制作，学生对折扇的特征、比例和构成有了一定的理解。扇子的形式多样，除了折扇还有羽扇和蒲扇，请利用课外时间选择羽扇进行练习，并将做好的扇形拼盘拍摄图片和短视频上传到学习平台。

6. 桥是一种常见的景观，曾被无数文人墨客写进诗词中，用于表达诗人的情感。拱桥造型也经常运用到食品造型艺术中。请以现代桥梁为主要题材制作一款基础象形拼盘作品，拍摄照片和短视频上传到学习平台。

7. 挂满灯笼的地方能让人感受到喜庆的气氛。灯笼除了用于照明，还可用于欣赏，人们还会借鉴灯笼造型进行美食制作或点缀美食。课后选择一种灯笼图片制作灯笼冷拼作品，并拍摄图片和短视频上传到学习平台。

8. 长水滴形料胚在冷拼作品中的运用非常多，如火龙果、白菜等造型作品的拼摆。制作一款火龙果造型拼盘，拍摄图片和短视频上传至学习平台。

9. 根据马头琴冷拼的学习与制作经验，结合知识相通性的特点制作一款二胡冷拼作品，拍摄照片和短视频上传至学习平台。

10. 丝绸之路沿途的景观各具特色，经过的城市也比较多。我们学习了冷拼作品"丝绸之路"制作，请制作一款丝路沿途其他风景的冷拼作品，并将制作过程拍成图片和短视频提交至学习平台。

11. 请大家利用所学的知识与技能，运用平面假山或半立体假山的形式制作以山水画面和湖景画面为主体的两款作品，拍摄照片和短视频上传到学习平台。

12. 水下场景的作品学习让我们在具体内容和色彩的选择与搭配上有了自己的理解和想法，在进行作品设计时，可以通过变换与结合不同的水下物种来实现。例如，金龙鱼换成其他鱼类或虾蟹，假山采用珊瑚石的形状来表达，水草也可以选择其他的品种，也可以把海底的景换成湖景来设计呈现等。请创作一款以水下生物为内容（包含动植物）的艺术拼盘作品提交到学习平台。

13. 老鹰的飞行姿态千变万化，我们可以多观看摄影师和绘画师的作品，提升对老鹰千姿百态的姿势理解，采用垫底手法来呈现出老鹰姿态的雏形。请大家自由选择一种老鹰的飞行姿态，设计和制作出一款雄鹰展翅的作品，并拍照和短视频上传到学习平台。

14. 萤窗小语表达的是美好、和谐、甜蜜的画面，很符合喜宴、婚宴等方向的主题宴席。大家在创作此类题材作品时，内容的确定可多种多样，可以用天鹅、鸳鸯、人物、花卉等内容来进行呈现。请设计并制作一款表达美好、和谐寓意的艺术拼盘，并拍照和短视频上传到学习平台。

15. 根据主题艺术拼盘的特点和表现形式，拼制一款"鸟语花香"花式冷盘。

附件2

实训报告

实训项目			成员名单		日期	
选料原则						
操作体会	优势					
	不足					
改进措施						
教师评价					得分